뷰티테라피

정연자 지음

21세기사

PREFACE

인간의 본능이자 욕구인 아름다움은 자연의 전부에서 그리고 인생과 예술에 나타나 있다. 뷰티는 아름다움을 목표로 하는 몸의 실천이다. 뷰티를 몸에 실천하는 여러 가지 모양속에서 뷰티테라피는 이루어지며 뷰티테라피는 인간에게 감성치유와 매력자본이 되어 자신에 대한 효능감을 높여주고 자신감 및 자부심을 고취시켜준다는 점에서 중요하다 하겠다. 본 '뷰티테라피(Beauty Therapy)'는 몸의 아름다움을 실천하는 헤어, 메이크업, 피부, 네일, 패션, 액세서리, 향수 등을 매개로 감성을 치유하고 또한 자신의 경쟁력 강화와 리더로서의 성공적 열쇠가 될 수 있는 다양한 콘텐츠로 구성되어 있다.

Chapter 1 '뷰티테라피란?'에서는 뷰티테라피의 개념을 정립하고 구성요소는 어떠한 것들이 있으며 이를 중심으로 뷰티테라피의 역할을 살펴보았다. 뷰티테라피에 있어 가장먼저 알아야 할 자기인식에 대한 이해와 뷰티테라피를 통한 첫인상의 효과 등을 다루었다.

Chapter 2 '퍼스널 컬러'에서는 퍼스널 컬러의 이해를 바탕으로 사계절 퍼스널 컬러, 퍼스널 컬러 진단방법을 다루었으며 퍼스널 컬러를 활용한 뷰티테라피를 위한 연출방법을 제시하였다.

Chapter 3 '이미지스케일'에서는 감성 형용사 이미지, IRI 이미지스케일을 살펴보고 이에 맞는 감성 이미지 표현방법을 익힌다.

Chapter 4 '퍼스널 메이크업'는 퍼스널컬러에 어울리는 메이크업 연출을 위하여 개념 및 메이크업 도구 및 제품, 퍼스널 메이크업 방법을 바탕으로 Application을 활용한 메이크업 사례를 제시하였다.

Chapter 5 '헤어스타일링'에서는 얼굴형의 특징과 헤어스타일 연출법, 퍼스널 헤어컬러의 이미지와 퍼스널 헤어컬러 연출법을 다루었으며 퍼스널 트리콜로지 관리방법을 살펴보았다.

Chapter 6 '스킨케어'에서는 피부유형에 따른 진단 방법을 이해하고 피부 유형별 특징과 그에 따른 스킨케어방법 그리고 화장품 선택과 사용에 대한 내용을 다루었다.

Chapter 7 '네일테라피'는 네일테라피에 대한 전반적인 이해를 바탕으로 심리정서 치유에 효과적인 네일 컬러와 디자인 표현에 대하여 살펴보았고 Application을 활용한 네일의 연출법을 다루었다.

Chapter 8 '패션 코디네이션'에서는 패션 이미지별 특징을 살펴보고 체형특징별 T·P·O에 따른 패션스타일링, 이미지에 따른 스타일링 방법을 제시하였다.

Chapter 9 '패션 액세서리'에서는 액세서리의 유형을 살펴보고 얼굴형에 따른 액세서리 연출법, 패션에 어울리는 스타일링 연출법을 살펴보았다.

Chapter 10 '색채심리'는 색의 이해를 통해 색의 상징과 연상을 구체적인 사례를 통해 제시하였으며 컬러 이미지 배색과 연출방법, 컬러를 활용한 심리치유 방법을 다루었다.

Chapter 11 '향 테라피'에서는 향에 대한 기본적 지식과 향을 활용한 치유효과를 다루었으며 T,P,0에 따른 향수 사용방법, 이미지별 표현을 위한 향의 활용법을 살펴보았다.

무엇보다도 이 책이 현대인들의 감성을 치유하는 방법을 알려주는 커뮤니케이션 역할 수행의 지침이 될 수 있길 기대하며 이 책에 도움을 준 김진희, 박윤영, 신록, 이재림, 표연수, 표연희 선생께 감사한 마음을 전하며 좋은 책을 만들어주신 21세기사 대표님을 비롯한 관계자분들께 감사드린다.

2022. 2
저자

CONTENTS

1

뷰티테라피란?

Beauty Therapy

뷰티테라피의 개념 ┃ 뷰티테라피의 구성 ┃ 뷰티테라피와 자기인식 ┃ 뷰티테라피와 첫인상

뷰티 테라피는 뷰티콘텐츠를 구성하는 헤어, 메이크업, 네일, 에스테틱, 패션스타일링, 악세서리 및 향수 등을 매개로 하여 T.P.O(time, place, occasion)와 이미지(Image)에 맞게 연출하는 뷰티스타일링을 통해 자신의 이미지를 개선하는 것이다. 이와 같이 뷰티콘텐츠를 통해 이루어지는 뷰티 테라피는 사람들의 감성을 치유하는 데 다양하게 활용할 수 있다.

:: 뷰티테라피의 개념

뷰티테라피(Beauty Therapy)는 뷰티(Beauty)와 테라피(Theraphy)의 합성어이다. 뷰티는 인간의 삶과 미적요구와의 밀접한 관계를 가지고 있고 개인적인 성향과 감성이미지를 인체에 직접 조형적으로 형상화시키는 창의적인 표현활동이다. '테라피(Therapy)'는 그리스어 'therapeia'(도움이 되다, 의학적으로 돕다)'에서 유래되어 치료를 위한 방법이나 요법을 의미한다. 그러나 뷰티테라피는 의학적 전문자격을 가진 자가 본격적인 치료행위를 하는 것이 아닌 일련의 좋은 이미지 변화로 테라피 효과를 가져다주는 것이다. 특히 뷰티 테라피는 인간의 오감 가운데 가장 큰 영향력을 주는 시각치유를 바탕으로 인체에 행해지는 미적 표현과 활동을 통한 마음과 몸의 힐링(healing)이라 할 수 있다.

뷰티 테라피에는 헤어스타일링, 메이크업테라피, 네일관리, 스킨케어, 패션 및 액세서리 코디 등을 통한 시각적 커뮤니케이션 역할을 하며 통합적 멀티 테라피 활동으로 감각의 자극에 따라 다양한 효과를 나타낸다. 예로써 헤어 스파의 경우 건강한 머릿결을 유지시키고 두피의 청결유지를 통하여 시각과 촉각적 치유효과를 얻을 수 있으며 스파 제품에 포함된 향기로부터의 후각적 감각으로 시각, 촉각, 후각의 멀티 테라피 효과를 기대할 수 있다.

이처럼 뷰티 테라피는 아름다움을 추구하는 행위에서 정신적 활동 영역까지 확장되며, 이러한 뷰티 테라피 활동을 통해 개인의 심리적 안녕과 만족감 그리고 자신감과 자존감의 향상, 기분의 전환 효과 등을 얻을 수 있다.

:: 뷰티테라피의 구성

뷰티테라피는 어느 한 요소만 으로가 아닌 메이크업, 헤어, 피부, 네일, 패션 및 액세서리 등의 종합적 연출로 개인적 특성에 맞게 표현되면서 이루어지게 된다.

① 뷰티메이크업 beauty make-up

오늘날 메이크업은 단지 얼굴을 중심으로 한 화장의 개념을 넘어 자신의 정체성을 표현한다. 또는 역할이나 목적에 맞게 얼굴과 전체적인 이미지의 변화를 가능하게 하는 수단으로 확대되어 사용되고 있다. 현대의 메이크업은 주제에 따른 다양한 시각과 표현을 통해 새롭고 창의적인 아름다움을 창조하는 것이다.

특히 뷰티메이크업은 생활에서 나타나는 자신의 이미지를 더욱 아름답게 표현하기 위한 일상에서의 메이크업이다. 얼굴의 이목구비를 위주로 진행되며 색채와 형태의 수정과 보완을 통해 외모를 더욱 돋보이게 하여 아름답게 꾸미는 것을 말한다. 시대적 흐름과 감각, T.P.O에 맞는 이미지를 적절하게 연출하는 것이 중요하다. 테마나 주제 등에 적합하게 진행하는 뷰티메이크업은 이미지 메이크업, 타임메이크업, 계절 메이크업, 파티 메이크업, 웨딩 메이크업, 한복 메이크업 등의 다양한 표현 연출 방법이 있다.

② 헤어 hair

헤어스타일로 자신을 어떻게 보이도록 하고 어떤 느낌을 내는가 하는 것은 중요한 한 부분이다. 머리카락의 종류 또는 개인의 헤어 컬러 및 머릿결은 유전적인 요인에 의해 결정되지만 나머지는 각자의 생활방식, 건강관리법, 두발의 형태를 생각하고 계획하여 아름답고 개성 있게 보이도록 만든다. 두피와 모발의 특성에 따라 올바른 손질을 함으로써 빠른 시일에 건강한 두피와 모발로 회복시키는 헤어케어는 건강한 두피, 지성두피, 건성두피, 민감성 두피, 비듬성 두피 등 두피유형별 관리가 있고 손상모발, 지성모발, 건성모발, 비듬이 있는 모발 등 모발 타입별 손질법이 있다. 헤어의 연출을 위해서는 퍼스널컬러에 어울리는 헤어컬러 연출과 얼굴형에 어울리는 다양한 헤어스타일의 변화를 주어 자유롭고 개성적인 헤어스타일을 연출하게 된다.

③ 피부 skin-care

피부는 사람 몸에 가장 큰 기관이라 할 수 있다. 우리 몸의 피부는 체중의 8%정도이다. 환경과 감염을 막아주는 장벽이 되기도 하고 몸의 온도를 조절하고 체내 독소를 방출하기도 한다. 몸의 다른 기관과 다르게 피부는 눈으로 볼 수 있으며 주근깨, 실핏줄, 늘어난 모공, 점, 흉터, 웃음으로 생긴 주름 등이 전부 눈으로 확인된다. 햇볕, 추위, 바람과 오염물질에 노출되기 때문에 피부를 잘 관리하지 않으면 모든 자극이 환경적 스트레스로 피부에 나타날 수 있다. 피부가 외부환경의 영향을 받는 것은 부인할 수 없지만 다이어트나 생활습관, 호르몬의 변화 그리고 시간의 경과 등도 피부에 많은 영향을 끼칠 수 있다. 따라서 자신의 피부성질과 기질을 잘 파악하여 피부의 균형을 위한 적절한 관리가 중요하다. 건성피부, 지성피부, 복합성 피부의 유형별 관리법, 피부 이상증상의 관리, 피부유형에 따른 화장품의 선택과 사용방법, 계절별 스킨케어에 대한 피부관리를 하여야 한다.

④ 네일케어 nail care

네일의 사전적 의미는 '못을 박다', '징을 박다'이며 손톱((finger nail)과 발톱(toe nail)을 지칭하는 말로 쓰인다. 매니큐어(manicure)는 라틴어의 마누스(manus, 손)와 큐라(curat, 손질)에서 파생된 것으로 네일의 모양정리, 큐티클 정리, 손 마사지, 컬러링 등을 포함한 총괄적인 손의 관리를 뜻한다. 네일케어는 손과 발톱을 정리하는 매니큐어와 발과 발톱을 정리하는 패디큐어로 나뉘며 손톱과 발톱의 모양정리, 큐티클 제거 및 정리, 마사지, 컬러링 과정 등이 있다. 위생과 관리를 위주로 하는 네일케어 외 다양한 도구와 재료로 손톱과 발톱의 새롭고 개성적인 이미지를 표현하는 네일아트가 있다.

⑤ 패션 fashion

패션은 자기표현의 중요한 수단이 되는 시각적 커뮤니케이션 역할을 하는 것으로 옷을 입은 사람의 감정이나 가치관 및 라이프스타일을 전달한다. 전체적으로 조화를 이룬 옷차림은 외모와 함께 착용자에 대한 퍼스널 이미지를 결정짓는 중요한 요소이다. 사람들은 의복을 통해서 개성을 표현하고 자신의 정체성을 나타낸다. 체형은 개인마다 다양하다. 체형은 각기 다르고 쉽게 변화시킬 수 없으므로 체형의 장단점을 파악하고 효과적인 코디로 체형에 맞는 패션 스타일링을 함으로써 자신의 매력을 상승시킬 수 있다. 또한 얼굴형에 따른 패션표현은 첫인상을 결정하는 단서가 되며 사회적 상호작용의 중요한 요소가 된다.

6 액세서리

액세서리는 인체 위에 착용되거나 혹은 사람들이 들고 다니는 물건이지만 사용자로부터는 완전히 독립적이다. 액세서리는 몸을 보호하거나, 은폐 혹은 노출에 사용될 수 있는 탈부착이 가능한 몸의 확장이다. 액세서리는 실용성과 미적 고려 사이에서 균형을 담아야 한다. 착용자와 보는 사람 모두의 주목이 요구되는 액세서리는 착용자의 정체성을 설명하기도 하지만 착용하지 않았을 경우에도 액세서리만의 독특함과 매혹적인 존재감을 유지해야 한다. 주요 악세서리는 가방, 신발, 장신구, 모자, 안경, 그리고 최종의 액세서리라고 할 수 있는 향수 등이다.

:: 뷰티테라피와 자기인식

자기인식은 자기를 스스로 이해하는 것부터 시작하는데 자기이해(Self-knowledge)는 생각, 지각, 감각 등과 같이 우리가 내적으로 경험하는 현상에 대한 지식을 의미한다. 자기인식(Self-awareness)은 다양한 방법을 활용하여 자신이 어떤 분야에 흥미가 있고, 어떤 능력의 소유자이며, 어떤 행동을 좋아하는지 종합적으로 분석하여 이해하는 것으로 정의할 수 있다. 이와 같이 자기인식은 자아를 타인과 구별할 수 있는 기준과 같은 것으로 자신을 스스로 이해해주고 인정해줄 수 있는 도구로 활용될 수 있다. 이와 같은 자기인식은 자신의 이해를 도모하여 심리적 안정과 치유를 기대할 수 있으며 또한, 타인과의 소통도 효율적으로 이루어질 수 있어 현 시대에 필요한 분야이다.

① 자기인식의 요소

자아정체감, 자기존중감, 적성, 흥미, 성격, 가치관, 신체적 조건, 가정 및 사회 환경 등이다. 자아정체감은 남들과 다른 고유한 존재라는 생각으로 자아정체감 속에는 개인의 과거, 현재, 미래를 연결하는 연속성과 동질성이 나타나며 또한, 개인을 타인과 구별해 주는 독특성도 내포되어 있다. 자기존중감은 자아존중감이라고 말하기도 한다. 자기존중감은 타인이 자신을 평가한 것을 통해서 갖게 되는 자신에 대한 평가로 이해된다. 자기존중감은 인격적 용인 가능성과 사랑받을 가치에 대한 포괄적 평가 또는 판단으로 구성되며, 거기에 유쾌하거나 불쾌한 감정이 수반된다. 또한 자기존중감은 삶 속에서 타인들에 의해 지각된 본인에 대한 시각과 관계가 있다.

여러 연구자들은 자신의 적성, 흥미, 성격, 가치관, 신체적 조건, 학업성취도, 가정 환경 및 사회 환경에 관해 넓고 깊게 이해하는 것이 진로선택의 성공과 실패를 결정하는 중요한 요인이라고 설명하고 있다. 또한 환경과의 상호작용 경험은 개인의 직업선택과 의사결정에 유의미한 영향을 미친다. 이러한 가정 및 사회 환경의 요인에는 사회적경제적 지위, 소득수준, 지역사회 특성 등에 대한 지식 등이 해당된다.

② 자기인식의 방법

자기성찰은 자아를 인식하는 방법이다. 자신을 스스로 안다는 것은 한계를 보이기도 하지만 다른 사람이 알 수 없는 내면이나 감정을 알 수 있다는 특징을 가지고 있다. 다음과 같은 질문을 통해 '내가 아는 나'를 확인할 수 있다.

- 나의 성격이나 업무수행에 있어서 장단점은 무엇일까?
- 현재 내가 담당하는 업무를 수행하기에 부족한 능력은 무엇인가?
- 내가 관심을 가지고 열정적으로 하는 일은 어떤 것이 있을까?
- 나는 직장생활에서 어떤 목표를 가지고 있는가? 이것들은 가치가 있는가?
- 내가 생각하는 바람직한 상사, 동료 및 부하직원은 어떻게 행동하는가?
- 내가 오늘 하고 있는 일(직장, 학교 등)을 그만둔다면, 나는 어떤 일을 새로 시작할까?

자기를 인식하는 방법의 또 하나는 타인과의 커뮤니케이션이다. 자신이 보는 자기와 남이 보는 모습이 일치할수록 사람들은 그만큼 다른 사람들과의 의사소통이 쉬워지고 마찰이 적어질 수 있어 안정된 성격을 유지할 수도 있다. 반면에 다른 사람이 보는 자신의 모습이 자신이 보는 자신과 다를수록 의사소통이 어려워지고 마찰 가능성이 높아진다. 다른 사람과의 대화를 통해 스스로 간과하고 넘어갔던 부분을 알게 되고, 다른 사람이 나의 행동을 어떻게 보고 판단하는지 객관적으로 알 수 있게 된다. 주변 사람들과의 대화는 미처 인지하지 못한 내 자신을 발견하는 중요한 수단이 된다. 다음과 같은 질문을 통해서 '타인이 파악하는 나'를 확인할 수 있다.

- 저의 장단점을 뭐라고 생각하시나요?
- 저를 평소에 어떤 사람이라고 생각하시나요?
- 당신이 창업을 한다면, 저와 함께 일할 생각은 있으신가요? 그 이유는 무엇인가요?
- 당신은 나를 처음보고 어떤 느낌이 들었나요?

이 외 자아인식의 한 방법으로 표준화된 검사도구를 활용하는 방법이 있다. 표준화된 검사도구는 객관적으로 자아특성을 다른 사람과 비교해볼 수 있는 척도를 제공한다. 각종 검사도구를 활용하여 자신의 진로를 설계할 수 있고, 직업을 구하며, 자신에게 맞는 일을 찾아가는 것은 자신을 발견하는 일에 도움을 줄 수 있다. 최근에는 인터넷을 통해 표준화된 검사 도구를 손쉽게 이용할 수 있다.

자신의 흥미와 적성을 잘 알지 못하는 경우 다음의 사이트 중 하나를 선택하여 표준화된 검사 도구를 활용하여 자신의 특성을 파악해볼 수 있다. 검사를 통해 자신의 직업에 적합한 흥미와 적성을 알아보고, 이를 개발하기 위한 노력을 기울일 수도 있다. 온라인으로 할 수 있는 심리검사는 다음과 같다.

워크넷 직업심리검사
- 고용노동부 산하 한국고용정보원에서 운영
- 청소년 및 성인 대상의 23종 무료 심리검사 제공
- 직업적성, 직업선호도, 직업가치관, 진로준비도 검사 등의 실시 가능

또한 조하리의 창을 통해 자기인식을 알아보는 모델이 있다. 조셉과 해리라는 두 심리학자에 의해 만들어진 '조하리의 창(Johari's Window)'은 자신과 다른 사람의 두 가지 관점을 통해 파악해 보는 자기인식 또는 자기 이해의 모델이다. 조하리의 창을 통해보면, 아래 그림과 같이 자신을 공개된 자아, 눈먼 자아, 숨겨진 자아, 아무도 모르는 자아로 나누어 볼 수 있다. 보다 객관적으로 자신을 인식하기 위해서 내가 아는 나의 모습 외에 다른 방법을 적용해 보는 것도 필요하다.

조하리의 창은 개인의 자기공개와 피드백의 특성을 보여주는 네 영역으로 구분된다. 네 영역은 공개적 영역, 맹목의 영역, 숨겨진 영역, 미지의 영역으로 나뉜다. 첫째, 공개적 영역(Open Area)은 나도 알고 있고, 다른 사람에게도 알려져 있는 나에 관한 정보를 의미한다. 둘째, 맹목의 영역(Blind Area)은 나는 모르지만 다른 사람은 알고 있는 나의 정보를 뜻한다. 사람은 이상한 행동습관, 특이한 말버릇, 독

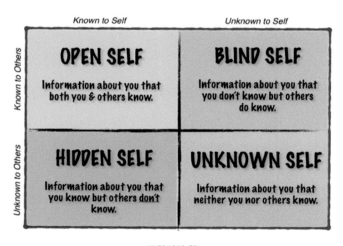

조하리의 창

특한 성격과 같이 '남들은 알고 있지만 자신은 모르는 자신의 모습이 있는데 이를 맹목의 영역이라고 한다. 셋째, 숨겨진 영역(Hidden Area)은 나는 알고 있지만 다른 사람에게는 알려지지 않은 정보를 의미한다. 달리 말하면, 나의 약점이나 비밀처럼 다른 사람에게 숨기는 부분을 뜻한다. 넷째, 미지의 영역(Unknown Area)은 나도 모르고 다른 사람도 알지 못하는 나의 부분을 의미한다. 심층적이고 무의식의 정신세계처럼 우리자신에게 알려져 있지 않은 부분이 미지의 영역에 해당한다. 그러나 자신의 행동과 정신세계에 대한 지속적인 관심과 관찰을 통해서 이러한 부분은 자신에게 의식될 수 있다.

조하리의 창에 의하면 사람의 마음에 있는 창 모양은 사람마다 다르다. 인간관계에서 나타내는 자기공개와 피드백의 정도에 따라 마음의 창을 구성하는 4영역의 넓이가 다르게 나타나는데, 이러한 창모양은 4가지 유형으로 구분한다.

첫째는 '개방형'으로서 공개적 영역이 가장 넓은 사람이다. 개방형은 대체로 인간관계가 원만한 사람으로 이들은 적절하게 자기표현을 잘 할뿐만 아니라 다른 사람의 말도 잘 경청할 줄 아는 사람들로서 다른 사람에게 호감과 친밀감을 주어 인기가 있다. 그러나 지나치게 공개적 영역이 넓은 사람은 말이 많고 경솔하거나 경박한 사람으로 비쳐질 수도 있다. 둘째는 맹목의 영역이 가장 넓은 '자기주장형'이다. 이들은 자신의 기분이나 의견을 잘 표현하며 나름대로의 자신감을 지닌 솔직하고 시원시원한 사람일 수 있다. 그러나 이들은 다른 사람의 반응에 무관심하거나 둔감하여 때로는 독단적이며 독선적인 모습으로 비춰진다. 때문에 다른 사람들의 말에 좀 더 진지하게 귀를 기울이는 노력이 필요하다. 셋째는 '신중형'으로 숨겨진 영역이 가장 넓은 사람이다. 이들은 다른 사람에 대해서 수용적이며 속이 깊고 신중한 사람들이다. 다른 사람의 이야기는 잘 경청하지만 자신의 이야기는 잘 하지 않는 사람이다. 이들 중에는 자신의 속마음을 잘 드러내지 않는 크레믈린형의 사람이 많으며 계산적이고 실리적인 경향이 있다. 이러한 신중형은 잘 적응하지만 내면적으로 고독감을 느끼는 경우가 있으며 현대인에게 많이 보여지는 유형으로 알려져 있다. 이에 신중형은 자기개방을 통해 다른 사람과 좀 더 넓고 깊이 있는 교류가 필요하다. 넷째로 미지의 영역이 가장 넓은 '고립형'이 있다. 이들은 인간관계에 소극적이며 혼자 있는 것을 좋아하는 사람들이다. 다른 사람과 접촉하는 것을 불편해 하거나 무관심하여 고립된 생활을 하는 경우가 많다. 이들 중에는 고집이 세고 주관이 지나치게 강한 사람도 있으나 대체로 심리적인 고민이 많으며 부적응적인 삶을 살아가는 사람들도 많다. 고립형은 인간관계에 좀 더 적극적이고 긍정적인 태도를 가질 필요가 있다. 인간관계의 개선을 위해서는 일반적으로 미지의 영역을 줄이고 공개적 영역을 넓히는 것이 바람직하다.

추가활동: 조하리의 창 진단

자기공개와 피드백의 측면에서 우리의 인간관계를 진단해볼 수 있는 방법이 조하리의 '마음의 창(Johari's window of min)'이다. 조하리의 창은 심리학자인 Joseph Luft와 Harry Ingham에 의해서 개발되었으며 두 사람의 이름을 합성하여 조하리(Joe + Harry =Johari)의 창이라고 명명되었다. 조하리의 창을 이용하여 자신의 인간관계를 살펴보도록 하자. 먼저 다음물음에 대해 자신을 평가해 보자.

(1) 나는 다른 사람에게 나에 관한 이야기를 잘 하는가? 나는 다른 사람에게 나의 모습을 잘 나타내 보이는가? 나는 다른 사람에게 나의 속마음을 잘 내보이는가?
이러한 물음에 대해서 자신의 상태를 아래의 기준에 따라 적당한 숫자를 택한다.

전혀아니다		약간그렇다		어느정도그렇다		상당히그렇다		매우그렇다
1	2	3	4	5	6	7	8	9

(2) 다른 사람이 나에 대해 어떤 생각을 가지고 있는지 알려고 노력하는가? 나는 다른 사람이 나에 관해서 하는 말에 귀를 기울이는가? 다른 사람이 나를 어떻게 평가하고 있는지 잘 알고 있는가?
이러한 물음에 대해서 자신의 상태를 아래의 기준에 따라 적당한 숫자를 택한다.

전혀아니다		약간그렇다		어느정도그렇다		상당히그렇다		매우그렇다
1	2	3	4	5	6	7	8	9

두 물음에 대한 숫자를 적용하여 다음과 같이 정사각형을 4분면으로 분할한다. (1)번 물음에 대한 평정점수(예:3점)는 사각형의 수직축의 분할점으로, (2)번 물음에 대한 평정점수(예:7점)는 수평축의 분할점으로 삼는다. 분할점에 따라 상하좌우로 선을 그으면 사각형은 4개의 영역으로 분할된다. 이것이 '나의 마음의 창'이다.

피드백을 얻는 정도

자기공개의 정도	알려진 영역 open area	가려진 영역 Blind area
	숨겨진 영역 Hidden area	모르는 영역 Unknown area

또다른 자기인식의 방법으로 개인의 스타일에 대한 질문조사방법이 있다.

■ 개인의 스타일 조사 질문지

자기한테 맞는 성향을 한 가지만 선택하여 개인스타일 조사 답안지에 기재한다.

#	A	B	C	D
1	절제하는	강력한	꼼꼼한	흥미진진한
2	개척적인	정확한	흥미진진한	만족스러운
3	기꺼이 하는	활기 있는	대담한	정교한
4	논쟁을 좋아하는	회의적인	주저하는	예측할 수 없는
5	공손한	사교적인	참을성이 있는	무서움을 모르는
6	설득력 있는	독립심이 강한	논리적인	온화한
7	신중한	차분한	과단성 있는	파티를 좋아하는
8	인기 있는	고집 있는	완벽주의자	인심 좋은
9	변화가 많은	수줍음을 타는	느긋한	완고한
10	체계적인	낙관적인	의지가 강한	친절한
11	엄격한	겸손한	상냥한	말주변이 좋은
12	호의적인	빈틈없는	놀기 좋아하는	의지가 강한
13	참신한	모험적인	절제된	신중한
14	참는	성실한	공격적인	매력 있는
15	열정적인	분석적인	동정심이 낳은	단호한
16	지도력 있는	충동적인	느린	비판적인
17	일관성 있는	영향력 있는	생기 있는	느긋한
18	유력한	친절한	독립적인	정돈된
19	이상주의적인	평판이 좋은	쾌활한	솔직한
20	참을성 없는	진지한	미루는	감성적인
21	경쟁심이 있는	자발적인	충성스러운	사려 깊은
22	희생적인	이해심 많은	설득력 있는	용기 있는
23	의존적인	변덕스러운	절제력 있는	밀어붙이는
24	포용력 있는	전통적인	사람을 부추기는	이끌어 가는

■ 개인의 스타일 조사 답안지

점수:

#	D	I	S	C
1	B ( )	D ( )	A ( )	C ( )
2	A ( )	C ( )	D ( )	B ( )
3	C ( )	B ( )	A ( )	D ( )
4	A ( )	D ( )	C ( )	B ( )
5	D ( )	B ( )	C ( )	A ( )
6	B ( )	A ( )	D ( )	C ( )
7	C ( )	D ( )	B ( )	A ( )
8	B ( )	A ( )	D ( )	C ( )
9	D ( )	A ( )	C ( )	B ( )
10	C ( )	B ( )	D ( )	A ( )
11	A ( )	D ( )	C ( )	B ( )
12	D ( )	C ( )	A ( )	B ( )
13	B ( )	A ( )	D ( )	C ( )
14	C ( )	D ( )	B ( )	A ( )
15	D ( )	A ( )	C ( )	B ( )
16	A ( )	B ( )	C ( )	D ( )
17	B ( )	C ( )	D ( )	A ( )
18	C ( )	A ( )	B ( )	D ( )
19	D ( )	B ( )	C ( )	A ( )
20	A ( )	D ( )	C ( )	B ( )
21	A ( )	B ( )	C ( )	D ( )
22	D ( )	C ( )	B ( )	A ( )
23	D ( )	B ( )	A ( )	C ( )
24	D ( )	C ( )	A ( )	B ( )
	합계 ( )개	합계 ( )개	합계 ( )개	합계 ( )개

내가 제일 높은 점수를 차지한 두 가지 스타일은?   1.   2.

▪ 각 기질의 유형

	High D	High I	High S	High C
주요 장점	목표 중심	동기 부여, 참여의식	인간관계, 리더	철저함, 자료분석
주요 단점	감정에 둔감, 인내심 부족	충동적, 사실에 소홀	타협가능, 주도하기 싫어함	지나치게 조심, 시간에 무감각
동기 부여	결과(도전, 행동)	인정(승인, 가시성)	관계(감사)	올바른 것(질적)
시간 운영	자금(효율적, 목적)	미래(다음차례)	현재(때때로)	과거(정확성, 늦음)
의사소통	일방적임	열정적, 감명줌	상호적인 대화,	남의 말을 잘 들음
의사결정	충동적, 목표의식	직관적, 빠른의사결정	관계 가운데 결정	주저함, 철저함
힘든상황 반응	거칠게 됨	공격	수용, 묵인	도피
팀에 공헌	주도적인 역할을감당	사람들을 접촉	특정 사항을 충실	자세한 사항에 집중
효과적 방법	남의 말을 청취	정지	시작	주변에 선포

① 만일 자신이 강한 D형 이라면?

남의 말을 듣는 것과 참는 법을 배우십시오.
일보다 인간 관계에 보다 초점을 기울이십시오.
사람들에 대하여 보다 융통성을 갖도록 하십시오.
다른사람들을 보다 더 도와주도록 힘쓰십시오.
보다 온화하고, 보다 열린 마음을 갖도록 하십시오.

② 만일 당신이 강한 I형 이라면?

당신의 행동이나 감정을 조절하십시오.
보다 결과 중심이 되도록 노력하십시오.
자세한 사항과 사실에 관심을 기울이십시오.
움직여 나가는 속도를 줄이도록 하십시오.
남의 말을 듣도록 노력하고, 많이 말을 하지 마십시오.

③ 만일 당신이 강한 S형 이라면?

다른 사람들이 생각하는 것에 대하여 덜 민감하도록 노력하십시오.
보다 직설적이고 관심을 기울이도록 하십시오.
맞부딪히는 일을 두려워 마십시오.

보다 결단적이 되십시오.

일을 진행하는 속도를 높이십시오.

주도적이 되십시오.

"아니요"라고 말하는 법을 배우십시오.

④ 만일 당신이 강한 C형 이라면?

일 바르게 하는 것만이 아니라, 바른 일을 하도록 하십시오.

보다 신속히 반응하도록 노력하십시오.

당신의 직관을 믿으십시오.

사실에 너무 집착하지 마십시오.

앞을 내다보십시오.

대인 관계를 발전시키십시오.

:: 뷰티 테라피와 첫인상

뷰티 테라피는 호감가는 첫인상을 만드는 데 중요한 역할을 한다. 첫인상은 커뮤니케이션의 시작이며 상대방의 눈에 비춰지는 자신의 형상으로 상대방에게 오랫동안 영향을 미친다.

1 첫인상의 중요성

첫인상은 보통 3초에서 5초 안에 결정된다. 이 짧은 시간에 상대방에게 오랫동안 남게될 수 있는 첫인상이 이루어지게 되는것이다. 이러한 첫인상은 쉽게 바뀌지 않으며 결정난 첫인상은 그 사람을 판단하는데 오랜 시간동안 영향을 미치게 되며 상대방의 기억속에 남게 된다. 이와 같이 자기 자신에 대하여 가지고 있는 준거체계이자 자신에 대해 지각하는 모든 것과 인간행동을 결정짓는 태도와 느낌의 총체를 말한다. 생태학적, 심리적, 인지적, 정서적, 내면적인 특성 등을 포함하여 외모, 체형, 얼굴 생김새, 표정, 자세, 태도, 제스처, 음성, 말씨, 행동, 옷차림, 걸음걸이, 매너 등의 외면적인 특성이 포함되는 개인에 대한 전체적인 모습(total image)이라 할 수 있다. 첫인상은 대인관계의 시작이다. 만약 타인에게 부정적인 첫인상으로 한번 각인되면 그것을 회복하는데 많은 노력이 필요하기 때문에 좋은 첫인상을 보여주는 것이 중요하다.

② 첫인상의 효과

첫인상은 시각적, 심리적, 무의식적으로 상대방에게 어떠한 느낌으로 각인이 되고 전달이 된다. 첫인상이 형성되는 심리적 효과는 여러 가지가 있다.

■ 초두효과primary effect

외모나 외적 분위기가 첫 인상 형성에 영향을 미치게 된다. 처음에 들어온 인상이나 나중에 그것을 판단하는데 영향을 주는 것을 초두효과라 한다. 초두효과는 오랜 시간 지속되며, 먼저 제시된 정보가 추후 알게 된 정보보다 더 강력한 영향을 미치는 현상이다. 인상형성에 첫인상이 중요하다는 의미를 지니고 있어 '첫인상 효과'라 한다. 이 외에도 3초 만에 상대에 대한 스캔이 완료된다고 해서 '3초 법칙', 처음 이미지가 단단히 굳어 버린다는 의미로 '콘크리트 법칙'이라고도 한다.

■ 후광효과halo effect

첫 만남에서 형성된 인상이나 한 개인이 어떤 대상에게 지닌 고정 관념은 상대방에 대한 전반적인 인상을 형성하게 되는 데 이를 후광효과라 한다. 한 대상의 두드러진 특성이 그 대상의 다른 세부 특성을 평가하는 데에도 영향을 미치는 현상이다. 후광(後光)은 어떤 사물의 뒤에서 더욱 빛나게 하는 배경이라는 뜻을 가지고 있다. 영어 명칭을 따서 '헤일로 효과'라고도 불린다. 심리학에서는 개인의 인상 형성 혹은 수행평가 측면에서 나타나며, 마케팅에서는 특정 상품에 대한 소비자의 태도 혹은 브랜드 이미지 평가 맥락에서 주로 언급된다. 평가자의 입장에서는 평가의 일관성을 유지하려는 기제나 특정한 외적 특징에 대한 고정관념 등이 작용한 결과이지만 논리성과 객관성의 측면에서는 오류일 수 있다.

■ 부정성 효과negativity effect

부정적인 특징이 긍정적인 특징보다 그 사람의 인상형성에 더욱 강하게 작용하는 현상을 부정성의 효과라고 한다. 어떤 정보에 대해 긍정적인 내용과 동시에 부정적인 내용의 정보를 접하게 되었을 때 부정적인 정보가 더욱 강력하게 작용하는 효과이다. 이는 결과적으로 부정적 인상은 긍정적 인상보다 변화되기가 어렵다는 것을 의미한다.

■ 최신효과recently effect

장시간의 만남을 통해 형성된 첫인상은 차츰 사라지고 시간적으로 끝에 제시된 정보가 인상 판단에서 중요한 역할을 할 수 있다는 현상을 말한다. 가장 나중에 혹은 최근에 제시된 정보를 더 잘 기억하는 현상으로 간혹 '신근성 효과' 혹은 '막바지 효과'라고도 불린다.

■ 수면자 효과sleeper effect

오랜 세월 교류하다보면 첫인상의 부정적 이미지도 희석된다는 것으로 이를 알기 위해서는 오랜 시간이 필요하다. 권위자의 말과 같이 신뢰도가 높은 시지의 설득 효과는 시간이 지나면 감소하는 것이 보통이다. 일반적으로 과거 다른 사람의 말을 시간이 흐른 후 마치 자기 의견인 양 말하는 경우를 수면자 효과라고 한다. 신뢰도가 낮은 출처로부터 메시지 설득효과는 시간이 지나면 감소하는 것이 아니라 오히려 증가하는 현상을 빗대어 말한 것이다. 즉, 시간이 지나면서 메시지의 출처에 대한 기억은 사라지고, 그 메시지에 대한 태도는 긍정적으로 변할 가능성이 있는 것이다.

■ 빈발 효과frequency effect

첫인상이 좋지 않게 형성되었다고 할지라도 반복해서 제시되는 행동이나 태도가 첫인상과는 달리 진지하고 솔직하게 되면 점차 좋은 인상으로 바꿔지는 현상을 말한다. 자꾸 볼수록 인상이 달라지는 경우로 빈번한 만남의 교류를 통해 자신의 긍정적인 모습을 보여줌으로 첫인상에서 형성된 부정적인 요소들을 긍정적으로 바꾸어 가는 방법을 말한다.

■ 충격 효과impact effect

어떤 상황에서 상대방이 예상하거나 기대했던 모습이 아닌 획기적인 impact를 줌으로써 지금까지의 부정적인 이미지 요소들을 긍정적으로 바꾸어 나가는 방법을 말한다.

③ 첫인상의 결정요인

첫인상 형성에 영향을 미치는 것은 크게 외모(시각), 목소리, 언어선택으로 3가지 요소가 있다. 외모에 표정, 체형, 옷차림, 태도, 제스처 등이 포함되며 목소리와 언어선택은 말의 높낮이, 억양, 속도, 목소리, 언어 등으로 대화에서 느낄 수 있는 요소이다. 심리학자 앨버트 메라비언(Albert Mehrabian)은 상대방과 대화시 상대방으로부터 받는 이미지는 '시각(body language)과 표정 35%, 태도 25%, 청각(tone of voice)과 목소리 톤 38%, 언어(words) 7%로 구성된다'고 하였다. 외모는 첫인상을 결정짓는 가장 큰 요소이다. 이러한 외모를 표현하는 것이 뷰티테라피에서 다루는 영역들인 첫인상, 퍼스널컬러, 헤어, 메이크업, 피부, 네일, 패션 및 악세사리 등으로 이루어진다.

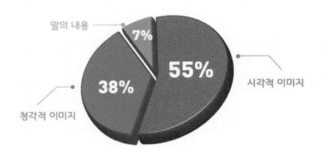

첫인상을 결정짓는 요소

2

퍼스널 컬러

Personal Color

퍼스널 컬러의 이해 | 사계절 퍼스널 컬러 | 퍼스널 컬러 진단 | 퍼스널 컬러 연출법

감성·정보화 시대에 시각정보의 역할은 매우 중요시되고 있다. 이는 인간관계에서도 동일하게 작용하고 있으며 성격, 표정, 말투, 태도, 옷차림 등의 다양한 시각 정보가 통합되어 하나의 이미지를 생성한다. 특정 이미지가 자신의 아이덴티티로 타인에게 전달되는 외모이미지에 따른 정보의 영향력이 강하고 빠르게 결정되며 첫인상을 형성한다. 때문에 자신의 색을 찾아 긍정적 자기 이미지를 연출하는 것은 매우 중요하다.

∷ 퍼스널 컬러의 이해

인간은 지각 특성상 형태와 색채, 움직임 등의 시각 정보 중 색채를 가장 빠르게 처리하는 특성이 있는데 이를 활용하여 자신의 이미지를 긍정적으로 변화시킬 수 있다. 퍼스널 컬러란 개개인이 가지고 있는 신체의 고유한 색(피부색, 머리카락색, 눈동자 색)을 분석하여 개인마다 어울리는 색을 찾는 것을 말한다. 우리는 흔히 좋아하는 색이 나에게 어울리는 색이라고 혼동하는 경우가 자주 있다. 하지만 좋아하는 색은 심리적, 환경적, 교육적 영향 등을 통해 형성된 것이며 좋아하는 색과 어울리는 색이 반드시 일치하는 것은 아니다.

자신에게 어울리는 색을 찾아 이를 기반으로 메이크업, 헤어, 의상 등에 적용시킴으로써 장점은 부각시키고 단점은 보완하여 자신의 이미지를 돋보이게 연출하고, 외형의 아름다움과 심리적인 만족감을 느끼게 해주는 것이 퍼스널 컬러이다.

자신에게 어울리는 색을 찾아가는 과정을 통해 자신만의 이미지를 구축할 뿐만 아니라 충동구매를 절제할 수 있으며 무분별한 유행을 쫓아가지 않고 자신만의 스타일을 유지해갈 수 있는 노하우를 얻을 수 있다. 또한 퍼스널 컬러를 통한 자신의 이미지 구축은 인간관계에서 심리적, 정서적 안정감을 통해 자신감을 상승시킬 수 있다.

■ 신체 색상의 특징

인종에 따라서 피부 색상은 다양하다. 피부 색은 사계절 컬러 유형으로 구분할 수 있으며 피부의 3가지 기초색의 구성은 멜라닌 색소, 카로틴 색소, 헤모글로빈 색소로 이루어져 있다.

피부색은 기저층의 갈색을 띤 멜라닌으로 구성되어 있으며 유극층의 카로틴은 노르스름한 황색으로 구성되어있다. 헤모글로빈은 붉은색으로 3색소가 겹쳐지고 과립층에서 피부 색소층에서 차지하는 비율에 따라 결정된다. 특히 피부의 색을 결정하는 멜라닌 색소는 유 멜라닌(Eu-melanin)과 페오 멜라닌(Pheo-melanin)으로 구분되며 유 멜라닌 색소의 양이 많아지면 피부색, 눈동자 색, 머리카락 어두운 갈색을 띠게 된다. 반면 페오 멜라닌 색소의 양이 많아지면 인체는 피부색, 눈동자 색, 머리카락 색이 밝은 황갈색을 띠게 된다.

:: 사계절 퍼스널 컬러

사계절 컬러 시스템(FSCS: Four Seasons color system)은 자연의 색을 기준으로 따뜻한 색과 차가운 색으로 구분된다. 사계절 컬러의 주조색을 기본 바탕색으로 봄과 가을은 따뜻한 톤의 노란색과 황색을 지니고 있으며 여름과 겨울은 차가운 톤의 파란색과 검은색을 기본 바탕색으로 지니고 있다. 베이스 컬러가 노랑기미(yellow)인지 파랑기미(blue)인지에 따라 따뜻한 색(warm color)와 차가운 색(cool color)으로 구분된다.

사계절 컬러는 빛의 반사와 흡수에 따라 구분되고 다시 빛의 양에 따라 색상, 명도, 채도로 분류된다. 따뜻한 색은 기본 색상에 노란색과 황색이 혼합된 색상이다. 따뜻한 색은 풍요와 생동감을 주는 이미지와 온화하면서 동적인 이미지를 지니고 있어 감성적인 능력과 능동적인 성격을 지닌다. 따뜻한 색의 봄은 밝고 선명한 느낌을 주며 가을은 부드럽고 차분하고 안정감을 주는 것이 특징이다.

차가운 색은 푸른색과 흰색, 검은색을 지니고 있다. 기본 색상에 푸른색을 혼합되어 조색을 이루게 된다. 차가운 색의 이미지는 이지적이고 부드러움을 지니고 있는 정적인 이미지로 이성적인 성격을 가지고 있다. 차가운 색의 여름과 겨울 색상은 차가운 색으로 여름은 밝고 부드러운 이미지이며 겨울은 선명하고 강한 이지적인 이미지를 주는 것이 특징이다.

이를 다시 톤으로 구분지어 4가지 타입의 봄(spring), 여름(summer), 가을(autumn), 겨울(winter)로 분류한 진단 시스템을 말한다. 진단 기준이 되는 사항은 피부색, 눈동자 색, 머리카락 색이며 피부색의 비중이 가장 크게 작용하는데, 따뜻한 톤의 피부는 봄과 가을로 나뉘고 봄은 옐로우 톤(Yellow tone), 가을은 골드 톤(Gold tone)으로 세분화된다. 차가운 톤의 피부는 여름과 겨울로 나뉘며 여름은 화이트 톤(White tone), 겨울은 블루 톤(Blue tone)으로 세분화된다.

■ 퍼스널 컬러 구분법

타고난 신체 색상에 따라 퍼스널 컬러를 기본적으로 4가지 유형으로 분류.

- 피부의 색은 헤모글로빈, 카로틴, 멜라닌의 분포에 의하여 구분되어 짐.
- 따뜻한 톤의 피부와 차가운 톤의 피부로 구분
- 따뜻한 톤의 피부는 노르스름한 톤을 지니고 있고 봄과 가을이 해당됨.
- 차가운 톤의 피부는 푸르스름한 톤을 가지고 있고 여름과 겨울이 해당됨.
- 따뜻한 톤의 봄은 옐로우(yellow), 가을은 골드(gold)
- 차가운 톤의 여름은 화이트(white)와 블루(blue), 겨울은 블루(blue)와 블랙(black)

① 봄 유형

사계절 중 가장 따뜻한 계절인 봄은 원색이 주를 이루며 선명하고 생동감이 있다. 기본 바탕색의 노란 빛을 바탕색으로 선명한 레드, 블루, 그린, 오렌지, 바이올렛 등이다. 옐로우(yellow)베이스에 명도와 채도가 높으며 색조가 밝고 발랄한 느낌을 지니고 있다. 옐로우 베이스를 지니고 있기 때문에 얼굴색은 기본적으로 노르스름한 빛을 띠고 있으며 베이지 빛이나 붉은 빛이 감도는 색이다. 머리카락 색은 노란빛이 감도는 짙은 갈색 또는 연한 갈색이며 눈동자 색은 녹색, 파란색, 노란빛이 감도는 연한 갈색이 봄 유형에 속한다.

봄 유형 퍼스널 컬러

2 여름 유형

블루(blue)베이스에 명도는 높고 채도는 낮아 부드럽고 차가운 이미지이다. 여리고 우아하며 여성스러운 느낌이다. 블루베이스를 지니고 있기 때문에 얼굴색은 기본적으로 푸른빛을 띠고 있으며 희고 밝은 피부에 푸른빛이 감돈다. 머리카락 색은 회색 기미를 띠거나 푸른빛이 감도는 검정색이고 눈동자 색은 푸른빛이 감도 갈색 또는 검정색이다.

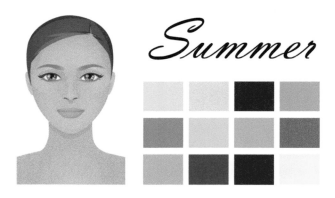

여름 유형 퍼스널 컬러

3 가을 유형

옐로우(yellow) 베이스에 명도와 채도가 낮으며 차분하고 이지적인 느낌을 지니고 있다. yellow 베이스를 지니고 있기 때문에 얼굴색은 기본적으로 노르스름한 빛을 띠고 있으며 갈색 빛이 감돌거나 붉은 빛이 감도는 색이다. 머리카락 색은 황색 빛이 감도는 짙은 갈색 또는 황갈색이며 눈동자 색은 어두운 녹색 또는 파란색, 짙은 갈색이 가을 유형에 속한다.

가을 유형 퍼스널 컬러

4 겨울 유형

블루(blue) 베이스에 명도는 낮고 채도가 높아 샤프하고 콘트라스트가 강한 이미지로 도회적이고 화려하며 관능적인 세련된 느낌을 지니고 있다. 블루베이스를 지니고 있기 때문에 얼굴색은 기본적으로 흰 빛과 푸른빛을 띠고 있으며 노르스름한 피부 또는 약간 붉은 피부에 흰 빛이 감도는 색이다. 머리카락 색은 희색 빛이 감도는 진한 검정색이며 눈동자 색은 어두운 녹갈색 또는 초록, 푸른빛이 감도는 짙은 갈색이다.

겨울 유형 퍼스널 컬러

:: 퍼스널 컬러 진단

퍼스널 컬러 진단을 통해서 자신만의 컬러를 탐색하고 찾아 활용함으로써 개인의 결점을 보완하고 자신감 있고 당당한 이미지를 연출할 수 있다. 뿐만 아니라 컬러는 사람의 심리와 건강상태에 직접적이고 간접적인 영향을 미치며 자신의 계절 컬러를 알고 생활 리듬과 환경에 적용하여 개인에게 적합한 의상, 메이크업, 헤어스타일 등을 적절하게 연출한다면 자신감 있는 변화를 경험할 수 있다.

퍼스널 컬러진단 시스템(Personal Color System)은 개인이 가지고 있는 고유한 신체 색상을 분석하여 어울리는 색을 진단하는 방법이다. 신체의 고유한 신체 색상은 피부색, 눈동자 색, 머리카락 색, 두피 색, 손목안쪽 색의 신체 피부색과 자연의 색인 사계절 컬러와 비교하여 자신에게 어울리는 색을 인식함으로써 결점을 보완하여 자신감 있는 이미지를 연출할 수 있다.

① 퍼스널 컬러 진단법 personal color system

퍼스널 컬러 진단법(PCS)은 단계별 진단법으로 6단계 진단을 통해 개인에게 어울리는 퍼스널 컬러를 진단한다.

1차 진단은 색채 감성도 진단으로 개인의 색채 선호도를 중심으로 색채 심리를 알아보는 단계이다. 이 단계에서는 색채 인식도를 알아보기 위한 색채 감성 테스트(Color emotion test)를 실시하여 색채에 대한 기호를 알아본다. 또한 색채 연상

PCS 진단법

테스트(Color reflection test)를 통해서 봄, 여름, 가을, 겨울의 사계절 퍼스널 컬러의 느낌을 표시해보며 나의 기분을 환기시켜주는 힐링(healing) 컬러를 알아본다.

2차 진단으로 라이프스타일을 분석한다. 개인의 라이프스타일 감성을 진단하는 단계로 나이, 성격, 직업, 취향, 주변 환경, 생활습관과 사회적 위치, 활동 사항 등 개인의 라이프스타일을 색채 환경에 대입하여 분석한다.

3차 진단은 신체 색상 유형을 중심으로 분석하는 단계이다. 육안을 통해서 나에게 어울리는 컬러가 무엇인지 알아보는 단계로 얼굴 피부색, 눈동자 색, 머리카락 색, 팔목 안쪽 부분 색상을 육안 측정하여 차가운 유형과 따뜻한 유형으로 구분한다.

4차 진단에서는 FSC(Four Seasons Color) 컬러 드레이핑 진단이 이뤄진다. 이 단계에서는 컬러진단 램프도구와 사계절 색채 진단 천으로 드레이핑 (Draping)하여 따뜻한 계열(yellow 베이스)과 차가운 계열(blue 베이스)의 대표 진단 천을 번갈아 얼굴에 대보면서 얼굴색의 변화를 관찰한다. 자신에게 어울리는 컬러 계열은 얼굴이 칙칙해 보이지 않고 화사해보이며 잡티가 눈에 띄지 않고 생기가 있어 보이는 현상을 관찰 할 수 있다.

5단계는 PCS퍼스널컬러 진단 분석으로 PCS퍼스널 컬러진단 시스템에 따라 사계절 컬러를 진단한다. 퍼스널 컬러 사계절 유형에 따른 개인의 연령, 성격, 환경 및 얼굴형을 고려하여 베스트컬러(best color), 베이직 컬러(basic color), 워스트 컬러(worst color)를 선별한다. 이렇게 선별된 색으로 개인의 컬러 팔레트를 제작하여 메이크업, 헤어, 의상, 스타일 및 모든 생활의 컬러 이미지 연출법과 색채 요법을 제안하며 실용 색채 활용법을 제공한다.

6차 진단은 2차 PCS퍼스널 컬러 진단 분석단계이다. PCS 퍼스널 컬러 진단을 한 후에 생활 속에서 색채를 적용시키는 단계로, 어울리는 계절의 색을 시각적으로 매일 반복적으로 지각하여 스스로 이미지를 연출한다.

■ 퍼스널 컬러 진단의 유의사항

퍼스널 컬러 진단이 정확하게 이뤄지기 위해서는 무엇보다 진단 전의 유의사항이 바르게 지켜져야 한다. 기본적으로 피부의 바탕색이 정확하게 드러날 수 있도록 화장기가 없는 맨 얼굴이어야 하며 머리카락 색은 염색했을 경우에는 혼동을 일으킬 수 있어 흰색 헤어밴드로 커버한다.

정확한 피부색 측정을 위해 햇살이 좋은 오전 11시부터 오후 3시 사이에 진단해야 하며 액세서리나 안경 등은 빛을 반사 시키므로 착용하지 않는다. 진단 램프(중성빛 95~100W) 사용 시 정확한 컬러 진단을 할 수 있다. 피진단자가 태닝 또는 비타민A 약물을 과용했을 경우 자신의 피부색이 완전히 회복되는 시기인 약 2주후에 진단받도록 한다.

■ 퍼스널 컬러 유의사항

퍼스널 컬러는 어울리는 색과 어울리지 않는 색의 구분이 필요한데, 일반적으로 어울리는 색에 대한 얼굴색의 반응은 얼굴이 밝고 투명해지며 윤기가 나며 화사해진다. 얼굴의 형태는 입체적으로 보이고 얼굴의 각이 부드러워져 보이며 붉은 빛이 적게 나타난다. 어울리지 않는 색에 대한 얼굴색 반응은 피부색이 어둡고 칙칙해 보이며 다크 서클, 잡티, 기미, 여드름이 짙어져 보인다. 또한, 얼굴의 각이 두드러져 보인다.

퍼스널 컬러진단의 세부사항은 단계별로 주의가 필요하다. 먼저, 1차, 2차 진단 단계에서는 개인의 라이프 스타일 분석, 색채 감성도 및 선호도를 분석 할 수 있는 설문지를 준비하여 피진단자가 작성한 후에 충분한 상담을 한다, 3차 컬러 진단 단계는 육안 측정을 통해 피진단자의 고유한 피부색과 얼굴 형태 및 특징을 분석한다. 컬러 진단 시 피진단자의 결점을 파악하는 것이 중요하며 신체 색상 가운데 가장 중요한 위치를 차지하는 얼굴 피부의 바탕색을 먼저 측정하여 차가운 톤인지 따뜻한 톤인지 구별해야 한다. 그 다음에 피진단자의 손목 안쪽 색, 눈동자 색 그리고 머리카락 색을 육안으로 분석한다. 또한 머리카락 분석 시에는 헤어 컬러팔레트를 사용하여 비교할 수 있다. 4차 컬러 진단에서 컬러진단 램프는 날씨와 계절에 영향을 받지 않기 위해 중성 빛 (95~100W)으로 컬러진단 드레이핑 천 반사도의 오차를 줄여 피부 유형을 정확하게 구분할 수 있다. 5차, 6차 컬러진단 결과에 의해 계절 유형이 결정된다.

② 베이스 톤 진단법

베이스 톤 진단은 피부 톤을 통해 웜톤(Warm tone)과 쿨톤(Cool tone)을 구별하는 진단법이다. 구체적인 퍼스널 컬러 진단에서 활용되는 방법으로 일상에서 사용하는 베이스 메이크업 화장품의 색을 바탕으로 진단하는 방법을 말한다. 핑크와 옐로우 메이크업 베이스를 각각 도포한 뒤, 그 위에 파운데이션을 도포하여 어떠한 경우에 시각적으로 블랜딩 효과가 더 좋은지를 비교하여 판단한다. 옐로우 메이크업 베이스의 파운데이션이 블랜딩 효과가 더 좋다면 웜톤, 핑크 메이크업베이스의 블랜딩 효과가 더 좋다면 쿨톤으로 볼 수 있다.

언더 톤(Under tone)은 개인이 가지고 있는 피부 본연의 얼굴빛을 말한다. 예를 들어 동양인의 경우 모두 노란 피부라 할 수 없으며 자연스러운 채광에 피부를 비출 때 본연의 피부 빛이 비치는 것을 확인할 수 있다. 눈동자 아랫부분과 목 부분을 중심으로 자연스러운 채광 아래에서 피부 톤을 확인한다. 노란기가 감도는 복숭아 빛 계열의 피부에 가깝다면 웜톤, 핑크 빛이 감도는 붉은 빛 피부에 가깝다면 쿨톤이라 할 수 있다.

인체의 피부는 언더톤과 같이 오버톤(Over tone)을 지니고 있는데, 오버톤은 햇볕의 그을리는 경우와 같이 외부 환경에 의하여 변화될 수 있는 피부 톤으로 오늘날에는 이를 고려한 세부적인 퍼스널 컬러 진단까지 이루어지고 있다. 이마와 콧등을 중심으로 자외선에 한 달 이상 노출 된 피부의 상태를 확인한다. 이마와 콧등이 까맣게 타고 오래 지속된다면 웜톤, 붉어졌다가 금방 본래의 피부색으로 되돌아오는 경우 쿨톤에 가깝다고 볼 수 있다.

③ 모발상태 진단법

염색을 하지 않은 자연스러운 본연의 머리카락 색이 퍼스널 컬러 진단에 가장 좋은 상태이다. 이에 자연모발을 기준으로 브라운 계열에 가깝다면 웜톤, 블랙에 가까울수록 쿨톤이다. 하지만 오늘날에 염색모발이 아닌 경우는 찾아보기 어려울 정도가 되었다. 이렇듯 염색으로 인하여 헤어컬러의 육안 판별이 어렵다면 눈썹과 두피에 가까운 잔머리 부분을 중심으로 확인하는 방법이 있다. 두피에 가까운 이마주변 잔머리의 색과 염색되지 않은 눈썹의 색을 관찰하여 브라운 계열에 가까우면 웜톤, 블랙에 가까우면 쿨톤이다. 또한 모발의 굵기가 얇고 가는 경우 웜톤, 두껍고 굵은 경우는 대체로 쿨톤이 많아 헤어라인의 모발 굵기를 중심으로 진단한다.

모발에 흐르는 머릿결인 윤기로 웜톤과 쿨톤의 구별 역시 가능하다. 모발이 전체적으로 윤기가 없이 매마른 편이라면 웜톤, 모발이 윤기가 있고 부드러운 편이라면 쿨톤에 속한다. 이는 자연모발일 때 가장 정확하고, 염색이나 헤어 스타일링 시술에 의해 손상된 모발일 경우 회복정도를 기준으로 진단할 수 있다.

:: 퍼스널 컬러 연출법

퍼스널 컬러진단 후 유형별 특징과 어울리는 이미지를 이해한다. 사계절 퍼스널 컬러 유형이 결정되면 사계절의 대표 이미지에 맞추어 다양한 컬러와 톤의 배색에 따라서 세부적인 이미지를 연출할 수 있다.

① 봄 유형

봄은 꽃봉오리와 새싹 같은 느낌을 연상하게 한다. 밝고 경쾌한 생동감이 있으며 따뜻한 이미지를 연출한다. 봄 유형은 밝은 옐로 계열, 피치 계열, 그린 계열로 배색하여 화사한, 귀여운 이미지를 떠오르게 한다. 또한 봄의 색상은 선명한 원색이 주로 사용되며 밝고 화사한 이미지의 배색으로 캐주얼(casual), 프리티(pretty), 로맨틱(romantic)의 여성스럽고 발랄한 배색이미지가 사용된다.

봄의 퍼스널 컬러 이미지는 웜 로맨틱 이미지, 프리티 이미지, 캐주얼 이미지, 웜 클리어 이미지로 세분화하여 연출할 수 있다. 먼저 웜 로맨틱(Warm Romantic)이미지는 피치, 레드 핑크, 바이올렛 계열의 유사 배색으로 감미롭고 부드러운 느낌을 표현한다. 밝은 톤의 옐로우 컬러를 더해주어 화사한 느낌을 연출하며 의상은 인체의 실루엣을 강조한 부드러운 곡선 디자인이 주를 이룬다. 레이스 장식, 코르사쥬, 리본 등의 소품으로 사랑스럽고 로맨틱한 이미지를 표현한다.

프리티(Pretty) 이미지는 어린 소녀 같은 순수하고 귀엽고 사랑스러운 달콤한 이미지를 말한다. 봄의 밝고 선명한 톤의 오렌지, 옐로, 옐로 그린, 핑크, 퍼플 색상을 기본으로 조화와 대비를 경쾌하게 배색하여 표현한다. 의상은 여성의 라인과 곡선을 살린 귀여운 감각 디자인으로 직선형보다는 둥근형이 귀엽고 사랑스러우며 부드러운 소재의 레이스와 화려한 꽃무늬, 물방울 등의 리본이나 코르사쥬(corsage) 등의 장식으로 강조한다.

캐쥬얼(Casual) 이미지는 자유분방한 경쾌한 이미지로 봄 색상 중에 가장 선명하고 비비드 톤이 강한 대비가 특징인 배색기법이 사용된다. 의상은 자연스럽고 부드러운 소재의 활동이 자유로운 바지나 미니스커트와 코디하면 활동적이면서 경쾌한 이미지를 연출할 수 있다.

봄 유형의 퍼스널 컬러 연출

웜 클리어(Warm Clear) 이미지는 가볍고 산뜻한 느낌을 주는 이미지로 라이트 톤과 소프트 톤의 그린, 아쿠아 그린, 옐로, 블루, 계열을 사용하며 따뜻한 톤을 중심으로 유사배색을 활용한다. 전체적으로 심플하고 단아한 느낌을 연출하기에 좋으며 의상은 인체의 실루엣이 드러나지 않는 A라인이나 H라인 스커트라인이 효과적이다. 슈트(suit)의 칼라와 소매는 둥근형으로 단아하면서 청순한 이미지를 연출할 수 있다.

② 여름 유형

여름 유형은 차가운 색과 흰색을 혼합한 색으로 부드럽고 자연스러운 색상의 파스텔 톤으로 내추럴, 페미닌한 스타일이 잘 어울린다. 자유로운 소품 장식과 화려한 색상을 선택하여 세련된 이미지를 연출하면 좋다.

여름의 퍼스널 컬러는 쿨 클리어 이미지, 심플리시티 이미지, 엘레강스 이미지, 페미닌 이미지가 어울린다. 쿨 쿨리어(Cool clear) 이미지는 차가운 느낌보다 인위적이지 않은 자연스럽고 친근한 이미지이다. 부드러운 톤의 흰 빛을 혼합한 컬러로 쿨 베이지, 아이보리, 아쿠아 그린, 아쿠아 블루, 그레이시 브라운 등, 톤에 차이가 크지 않은 톤인톤 배색으로 포근하면서 부드러운 정적인 느낌을 연출한다. 소

여름 유형의 퍼스널 컬러 연출

재는 가공되지 않은 부드러운 천연소재의 자연스러운 의상과 인간의 본래 체형의 변형이나 과장하지 않은 디자인으로 인위적인 이미지는 배제한다. 액서서리는 피하는 것이 좋다.

심플리시티(Simplicity) 이미지는 단아하고 산뜻한 이미지로 꾸미지 않은 자연스러움과 세련됨이 특징이다. 밝고 깨끗한 느낌의 맑은 톤과 차분한 소프트 톤의 라이트 블루, 소프트 옐로, 아쿠아 그린, 페일 핑크의 배색으로 청순하면서 차분한 이미지를 준다. 주조색은 통일감을 주고 유사색은 포인트로 배색하여 자연스러우면서 세련된 이미지를 표현하는 것이 좋다. 의상은 자연스럽지만 인체의 실루엣이 드러나지 않고 간결하게 연출한다. 소재는 화려하지 않은 면, 마 니트류 등의 간결한 스트라이프 무늬나 무지가 단정하고 심플한 미니멈 룩도 포함된다.

엘레강스(Elegant) 이미지는 우아하고 세련된 여성의 이미지로 강한 대비를 중심으로 핑크, 퍼플, 아쿠아 블루, 레드 등의 단색보다 반짝이는 톤으로 화려하고 매력적인 이미지이다. 의상은 여성의 곡선이 잘 드러나는 슬림한 실루엣과 실루엣이 비치는 시스루룩, 반짝이는 펄이나 비즈, 스팽글 등의 멀티톤(multi tone)을 활용한 레이스와 반짝이는 디테일을 표현한 글리터 룩, 길게 늘어뜨린 화려한 액세서리를 최대한 부각시켜 연출한다.

페미닌(Feminine) 이미지는 부드러우면서 강하지 않은 소프트 톤과 덜 톤의 핑크 계열과 붉은보라 계열을 주조색으로 베이지, 코랄 핑크, 옐로우를 배색하여 화사하게 표현한다. 우아하고 품위 있는 여성스러운 이미지이다. 의상은 여성의 아름다움을 지향하는 성숙함을 나타내는 디자인으로 여성의 곡선을 고려하고 어깨 라인을 둥글게, 허리를 가늘게 표현하여 여성다운 감각을 표현한다. 소재는 부드럽고 광택 있는 소재로 레이스와 벨벳, 발레리나 슈즈, 프릴 등 사랑스럽고 여성스러움을 강조한 이미지를 연출한다.

③ 가을 타입

가을은 포근하면서 차분한 원숙한 이미지를 지니고 있다. 가을의 황색과 노란색 계열의 골드, 브라운, 카키, 코랄 핑크, 와인 계열 색으로 우아하며 여성스럽다. 부드러운 톤으로 배색하여 중후하고 자연스러운 이미지를 연출한다.

가을의 퍼스널 컬러는 내추럴 이미지, 클래식 이미지, 고저스 이미지, 에스닉 이미지 등이 잘 얼울린다. 내추럴(Natural) 이미지는 자연스럽고 친근한 이미지로 자연에서 접하는 흙, 나무, 숲, 신선한 바람 등은 자연스러운 이미지이다. 자연의 색으로 황색을 기본 바탕색으로 깊이 있는 브라운, 그린, 카키 계열 등의 색상과 톤의 차이가 적은 배색을 하여 소박하고 차분한 느낌을 준다. 의상은 가공되지 않은 부드러운 천연소재를 사용하여 인간 본래의 체형을 디자인하여 자연에서 볼 수 있는 무늬와 기하학적 무늬와 체크, 스프라이프 패턴이 많이 사용된다. 자연 친화적인 에콜로지 룩이 포함된다.

클래식(Classic) 이미지는 보수적이고 고전적인 이미지로 깊이 있는 짙은 톤과 어두운 톤의 브라운 계열을 중심으로 베이지 와인, 골드, 그린 등과 배색하여 품위 있고 중후한 이미지를 연출한다, 의상디자인 비교적 단순한 베이직 슈트 스타일, 따스한 느낌을 주는 벨벳이나 트위드, 고급소재의 울(wool) 등을 색상 대비하여

가을 유형의 퍼스널 컬러 연출

세련됨을 표현하는 것이 좋다.

고저스(Gorgeous) 이미지는 원숙한 여성의 우아함과 깊이 있는 이미지를 표현한다. 중명도와 중채도의 부드러운 톤으로 와인, 퍼플, 버건디, 브라운 계열 등으로 온화하게 배색한다. 의상은 여성의 곡선을 살린 디자인으로 둥근 어깨선, 우아한 가슴선, 잘록한 허리 등 원숙한 여성의 아름다움을 표현하여 연출한다.

에스닉(Ethnic) 이미지는 문명이 발달되기 이전 원시적 생활상으로 자연 친화적이며 소박한 옛 민족들의 삶을 반영하고 종교적 의미가 가미된 토속적인 이미지이다. 원시적인 민족의 소박하고 향토적인 색상에서 화려한 민속풍 색상까지 다양하게 표현된다. 자연스러운 색상과 강한 톤의 붉은 색상을 주조색으로 자연에서 오는 그린 계열을 보조색으로 매우 자유롭게 배색한다. 의상 디자인 소재와 무늬는 각 나라의 풍속, 민족의상, 문양을 모티브로 그대로 사용하거나 변형시켜 추구한다.

④ 겨울 유형

겨울 유형은 차갑고 이지적이며 강렬한 느낌을 준다. 활동적이고 대담한 도시적인 이미지로 블랙과 화이트, 네이비 블루, 마젠타, 레드 컬러 등의 선명하고 콘트라스트가 강한 색상이 잘 어울린다.

겨울의 퍼스널 컬러는 댄디 이미지, 소피스트케이트 이미지, 다이나믹 이미지, 액티브 이미지를 연출할 수 있다. 댄디(Dandy)이미지는 중후한 세련된 신사적인 남성 이미지이다. 통일성 있는 컬러와 블랙과 화이트를 기본으로 어두운 톤의 블루, 그린, 그레이 계열의 밝고 깨끗한 베이지, 레드 계열 등의 배색으로 심플하면서 도시적인 이미지를 연출한다.

소피스티케이트(Sophisticated) 이미지는 인공적으로 다듬어진 세련되고 도회적인 이미지로 그레이시 톤의 블루, 베이지, 블랙과 화이트 배색하여 절제된 감각과 심플하고 전문적인 고급스러움이 느껴지는 이미지로 현대인들이 선호하는 이미지이다. 의상은 장식적인 요소가 거의 없는 소재가 가지고 있는 가치와 매끄러운 실루엣으로 마무리하여 심플하고 세련된 느낌을 준다.

다이나믹(Dynamic) 이미지는 생동감을 느끼게 하는 화려한 이미지로 경쾌하고 자신감 있는 젊음을 표현한다. 선명한 비비드 톤의 레드, 마젠타, 블루 퍼플, 블랙 등과 강하고 극단적인 대조를 이루는 배색으로 화이트, 골드로 포인트를 준다. 색의 조화와 배색의 명도와 채도 대비가 크다는 특징이 있다. 의상은 인체의 실루엣을 과감하게 드러내도 매우 대담하게 창조한 디자인으로 장식적인 요소 많으며 소재는 고급스러우면서 광택이 있는 사틴(satin)이나 모피, 가죽, 레이스 등을 사용하여 추상적인 기하학적 무늬를 사용한다.

액티브(Active)이미지는 매우 역동적인 이미지로 파워풀하다. 차가운 색을 주조색으로 블랙, 화이트, 네이비 등의 짙은 색을 사용한다. 밝고 선명한 옐로우, 블루, 레드, 마젠타 등으로 면적대비, 명도대비, 색상대비를 뚜렷하게 배색하여 강렬하고 세련된 스포티한 이미지를 표현한다. 액티브룩은 활동이 편리하고 기능성을 중시하며 슬림한 핏(fit)을 강조한 라인으로 외형적인 건강미와 섹시함을 표현한다. 또한 데님 패치 자켓 등을 사용하여 도시적인 시크한 느낌을 나타낼 수 있다.

겨울 유형의 퍼스널 컬러 연출

3

이미지스케일

Image scale

색채 이미지 공간 ┃ 감성 이미지 배색

사람들은 일상생활 속에서 다양한 방법으로 사물의 이미지를 표현한다. 이때 많은 어휘의 형용사를 사용하여 사물에 대한 실제 느낌을 정확하게 전달하고 있고, 색채에 대한 느낌을 정확하게 표현하기 위해서도 많은 어휘의 형용사가 필요하다.

이미지 스케일이란 사람이 색을 보며 느끼는 감정을 형용사 어휘로 분류한 것으로, 색이 갖고 있는 다양한 느낌을 표현하는 공통 감각을 형용사로 구분하여 색의 언어를 이미지로 표현한 것이다. 이미지 스케일은 이미지 공간(Image map)을 활용하는데 이미지 공간은 일정한 색을 보고 보편적으로 대부분의 사람들이 느끼는 감정을 특정한 기준에 따라 하나의 공간 좌표에 위치시킨 것이다.

:: 색채 이미지 공간

색채조사 분석으로 심리통계학자 찰스 오스굿(Charles.E. Osgoods)에 의해 고안된 의미변별척도법(SD법-Semantic Differential method)이 가장 일반적으로 사용되고 있다.

한국인의 색채 이미지 공간 구현을 위한 Hue & Tone 체계의 이미지 조사 방법도 SD법을 사용하였고, 색채 SD조사의 결과는 SPSSPC+ 통계 패키지를 통하여 요인 분석하였다. 한국인의 배색에 대한 감성 SD조사를 통하여 얻어진 배색 이미지 공간은 디자인 과정과 색채 기호 조사에 유용하게 사용되고 있다. IRI이미지 스케일은 단색 이미지, 배색 이미지, 형용사 이미지 공간을 각각 세로축은 부드러운 (soft), 딱딱한(hard)으로, 가로축은 동적인(dynamic), 정적인(static)의 동일한 기준축에 의하여 이루어진 공간 안에서 각각 고유의 위치를 갖고 있다. 그러므로 추상적인 이미지를 구체적인 색으로 전환하거나, 구체적인 색을 추상적인 이미지로 전환해서 해석하는 것이 가능하다.

① I.R.I 단색 이미지 스케일

단색 이미지 스케일은 모든 색상을 이미지의 차이에 따라서 심리적 판단을 가로축과 세로축의 공간에 위치시켜서 한눈에 파악할 수 있게 하는 색채 감성 공간이다. 즉 각각의 색에서 느끼는 이미지의 차이를 공간상 거리의 차이, 또는 그 색의 위치와 같은 시각적인 정보로 한눈에 비교할 수 있도록 제시한 것이다. 단색 이미지 스케일은 10색상의 12가지 톤과 10단계의 무채색에 대해서 색 이미지를 측정하여 인자 분석을 한 후 결과를 바탕으로 각 색의 이미지 데이터를 영역별로 놓아서 만든 것이다. 색채 이미지의 영역에서 모든 색은 동적인 색과 정적인 색, 부드러운 색과 딱딱한 색 등으로 단색의 이미지가 나누어진다.

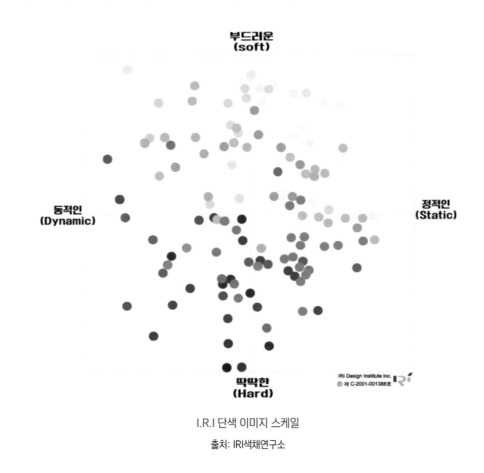

I.R.I 단색 이미지 스케일

출처: IRI색채연구소

② I.R.I 형용사 이미지 스케일

색상에 대한 이미지를 표현할 때, 대부분의 사람들은 '가벼운' 혹은 '부드러운'과 같은 형용사로 묘사한다. 이처럼 색상과 색상 이미지를 일반적으로 표현하는 언어로 연결시켜 주는 것이 형용사 이미지 스케일이다. 형용사 이미지 스케일도 배색

이미지 스케일과 같이 이해하기 쉽게 비슷한 의미의 형용사들을 조합하여 그룹을 만든다. 이러한 형용사 이미지 스케일은 각각의 형용사들이 하나의 '점'으로 파악되기보다 그 형용사의 위치를 중심으로 의미가 넓어지면서 점점 약해진다. 예를 들어, '우아한'의 경우 그 형용사가 놓여진 부분이 가장 우아한 느낌이 드는 정점이고 그 위치가 점점 멀어질수록 느낌은 약해지는 것이다. 즉, '우아한'이라는 이미지는 그 형용사가 놓인 지점을 포함한 '면'으로 생각하면 된다. 이러한 형용사 이미지 스케일은 색상 이외의 다른 디자인 요소들인 형태와 소재 등에 대한 객관적인 이미지 분석에도 도움을 준다.

I.R.I 형용사 이미지 스케일

출처: IRI 색채연구소

③ I.R.I 배색 이미지 스케일

배색 이미지 스케일은 이미지의 미묘한 차이를 표현할 수 있는 최소 기본 단위인 3색 배색을 이용하여 만들어졌다. 비슷한 느낌의 배색을 함께 조합하여 각각의 그룹에 귀여운, 맑은, 온화한 등의 형용사 키워드를 부여한 후 몇 개의 그룹을 만들어 배색이 가진 특징을 알기 쉽게 하고, 느낌의 차이를 명확히 할 수 있도록 제시한 것이다.

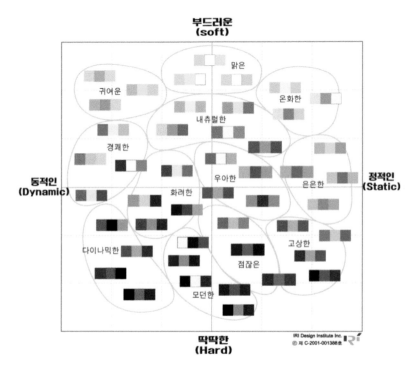

I.R.I 배색 이미지 스케일

출처: IRI색채연구소

형용사	관련 이미지 언어
귀여운	사랑스러운, 아기자기한, 달콤한, 향기로운, 싱싱한, 신선한, 쾌활한, 재미있는
맑은	부드러운, 가벼운, 깨끗한, 깔끔한, 투명한, 섬세한, 옅은
온화한	유연한, 안정된, 순수한, 잔잔한, 매끄러운, 약한
내추럴한	자연적인, 전원적인, 정다운, 편안한, 친근한, 편안한, 감성적인
경쾌한	젊은, 자유로운, 율동적인, 선명한, 동적인, 스포티한, 발랄한, 유쾌한
화려한	매혹적인, 성숙한, 환상적인, 장식적인, 여유있는, 매력적인
우아한	세련된, 고급스러운, 감각적인, 기품있는, 멋진
은은한	그윽한, 정돈된, 심플한, 단아한, 정적인, 단정한, 기지런한
다이나믹한	역동적인, 혁신적인, 강인한, 강한, 기운찬, 와일드한
모던한	진보적인, 도시적인, 현대적인, 하이테크한, 실용적인, 인공적인, 기능적인, 견고한
점잖은	격식있는, 품위있는, 지적인, 세련된, 견실한, 전통적인, 이성적인
고상한	조용한, 수수한, 고전적인, 차분한, 오래된, 나이든

∷ 감성 이미지 배색

이미지 배색은 색상과 톤의 배색에 따라서 이미지를 표현하는 것이다. 배색을 할 경우에 톤과 색상 대비를 효과적으로 구분하여 이미지를 연출하기 때문에 색상을 명시하지 않아도 색채 이미지로 감성어가 전달된다. 색채는 서로 다르게 배색되어 보이는 효과에 따라서 끝없이 변화하는 메시지를 전달한다. 이러한 이미지 배색은 언어로 이미지의 표현이 가능하며, 반대로 감성을 표현한 언어는 다시 이미지 배색으로 연출이 가능하다.

컬러가 상징하는 이미지는 매우 다양하고 민감하다. 단색으로의 이미지와 다른 색과 함께 배색했을 경우의 이미지는 전혀 다를 수 있으며 배색된 이미지는 퍼스널 컬러 적용에도 큰 영향이 있다. 예를 들면 여름 타입의 경우 짙은 블루가 잘 어울리는 컬러지만 짙은 블루와 레드를 매치한 강한 배색이나 활동적인 느낌으로 배치된 블루와는 이미지가 맞지 않다. 이처럼 원하는 이미지를 이미지 스케일에서 찾아 전체적인 비주얼 이미지에 적용하면 우아한, 점잖은, 모던한 등의 기본적인 이미지를 얻을 수 있다. 또한 이미지를 선택할 경우에 자신의 계절 타입과 어울리는 컬러 톤이나 배색을 확인하면, 메이크업과 헤어컬러 뿐만 아니라 패션과 악세사리에도 적용할 수 있고 전체적인 스타일링의 배색에 활용이 가능하다.

① 귀여운 이미지 pretty

귀여운 이미지는 소녀적이며 화사하고 부드러운 이미지로, 로맨틱한 이미지보다 조금 더 화려한 느낌으로 귀엽고 달콤한 이미지를 갖고 있다. 어울리는 색조는 소프트 톤, 라이트 톤, 페일 톤이 주를 이루며 밝고 부드러운 노랑, 주황, 연두, 분홍 등의 따뜻한 계열과 파랑, 보라 등의 차가운 계열의 색상을 함께 배색하면 사랑스럽고 달콤한 이미지를 표현할 수 있다.

헤어스타일은 앞머리를 자연스럽게 내려주거나 단발 머리형으로 연출하고, 메이크업에서는 밝은 톤의 오렌지, 핑크 등을 블러셔로 사용하여 사랑스러운 이미지를 연출한다. 네일아트는 도트 모양이나 리본, 비즈 장식 등을 활용하여 귀여운 이미지를 연출한다.

② 맑은 이미지 pure

맑은 이미지는 연한, 엷은, 가벼운 느낌과 같은 순수하고 깨끗한 분위기를 나타낸다. 어울리는 색조는 고명도의 화이트시 톤과 페일 톤 등 흰색을 주조색으로 하며 연한 톤, 맑은 톤의 유사색상 배색을 주로 한다. 연한 파란색을 이용하여 전체적으로 청초한 느낌과 정적인 이미지를 표현한다.

헤어스타일은 단정한 단발이나 스트레이트 스타일로 연출하고, 메이크업에서는 투명한 피부 연출과 고명도의 색 또는 고채도의 한색계열을 이용한 아이섀도로 심플하게 표현하며, 립은 누드 컬러로 연출한다. 네일아트도 하양이나 맑고 투명한 고명도의 색 또는 고채도의 한색 계열로 이미지를 연출한다.

③ 온화한 이미지 mild

온화한 이미지는 차분한 분위기, 포근한 안정감과 아늑한 조명 밑에서 부드러운 향을 느끼는 여유로운 감성을 느끼게 한다. 어울리는 색조는 정적인 느낌의 연한 톤과 그레이시 톤으로 부드러운 배색의 온화함을 연출하고, 고명도의 회색과 노란색, 주황색, 연두색 등의 따뜻한 색을 사용하기도 한다.

헤어스타일은 느슨하게 묶은 스타일이나 장식이 없는 웨이브 스타일로 표현한다. 메이크업은 자연스러운 피부 표현에 아이섀도와 입술은 밝고 흐린 톤과 옅은 톤의 배색으로 연출하고, 네일아트도 소박한 패턴으로 무난하며 수수한 느낌을 연출한다.

④ 내추럴 이미지 natural

내추럴 이미지는 자연의, 자연스러운, 천연의 의미로 인위적이지 않고 자연을 닮은 친근한 이미지이다. 자연이 주는 온화함과 편안함의 이미지로 꾸미지 않은 자연 그대로의 순수한 아름다움을 의미한다. 어울리는 색조는 중채도의 소프트 톤, 덜 톤과 라이트 그레이시 톤의 탁색인 컬러가 주를 이루며 나무, 숲, 흙 등의 자연 소재에서 얻은 주황 계열을 중심으로 베이지, 아이보리, 노랑, 연두, 초록, 갈색 등의 자연색을 위주로 한 색상이 주조를 이룬다. 톤 차이가 크지 않은 톤인톤 배색으로 차가운 느낌보다는 포근하면서 부드럽고 정적인 색채 중심으로 표현한다.

헤어스타일은 굵은 웨이브, 롱 헤어스타일의 브라운 계열로 자연스럽게 연출하고 메이크업은 두껍지 않도록 얇게 표현하며 브라운 컬러로 가볍게 표현하여 인위적인 느낌이 아닌 편안한 분위기가 느껴지도록 표현한다. 네일아트도 화려하지 않은 차분한 색조인 중채도의 베이지, 브라운으로 자연스러운 내추럴 이미지를 연출한다.

⑤ 경쾌한 이미지 cheerful

경쾌한 이미지는 젊고 자유분방하고 활동적이며 생동감 있는 이미지이다. 유쾌하고 명랑한 분위기에 리드미컬한 움직임이 표출된다. 어울리는 색조는 고채도의 비비드 톤, 기본 톤인 원색을 주조색으로 사용하며 색상 대비가 큰 배색으로 경쾌한 분위기를 한층 살려준다. 노랑, 주황 등 선명한 난색 계열을 활용한 유사 색상 배색과 활동적이고 자유로운 반대색상 배색으로 연출할 수 있다.

헤어스타일은 포니테일이나 아웃컬(out curl) 형태의 단발 헤어 스타일링과 컬러풀한 색상 배색으로 연출한다. 메이크업에서는 피부는 가볍고 밝게 표현하고 아이섀도는 오렌지, 핑크, 옐로, 그린 등의 색을 이용하여 글로시한 질감으로 표현한다. 네일아트는 선명하고 밝은 색조의 색의 대비가 강한 색상으로 자유로운 패턴을 이용하여 연출한다.

⑥ 화려한 이미지 gorgeous

화려한 이미지는 멋스럽고 성숙한 이미지로, 매혹적이고 장식적이며 관능적인 이미지를 나타낸다. 어울리는 색조는 안정감과 원숙미를 표현하는 기본 톤과 딥 톤, 다크 톤의 어두운 컬러가 주를 이루며, 색상 배색은 빨간색 계열과 노란색 계열의 난색 계열과 보라색 계열로 표현한다.

헤어스타일은 웨이브 헤어에 장식을 이용하여 표현하거나, 어두운 색의 업스타일을 하여 호화롭고 매력적인 이미지로 연출한다. 메이크업은 뚜렷한 입술 표현을 위하여 로즈 계열이나 와인 계열을 주로 사용하여 원숙미를 표현하고, 메이크업과 함께 네일아트는 성숙한 여성의 이미지를 강조하기 위해 퍼플, 와인, 로즈 브라운 계열을 활용하고, 펄 재료를 사용하여 호화로운 분위기를 연출한다.

⑦ 우아한 이미지 elegant

우아한 이미지는 성숙한 여성의 우아함이라는 의미로 여성스러우면서도 고급스러운 느낌으로 세련된 이미지이다. 어울리는 색조는 중명도, 중채도의 부드러운 소프트 톤, 덜 톤과 우아한 이미지를 나타내는 저채도의 라이트 그레이시 톤, 그레이시 톤이며, 지나치게 밝은 색상은 다소 가벼워 보일 수 있다. 색상은 보라를 중심으로 자주, 빨강 등으로 표현하며 강한 콘트라스트(contrast)의 원색은 배제한다. 또 대비를 약하게 하여 온화하고 은은한 느낌으로 표현한다.

헤어스타일은 굵은 웨이브가 들어간 업스타일, 또는 로우 포니테일스타일로 부드럽고 둥근 느낌의 우아한 스타일을 연출하고 메이크업은 부드럽고 성숙한 그레이시 톤과 퍼플, 레드 퍼플, 브라운 등으로 전체적으로 차분하고 매트한 느낌으로 표현한다. 네일아트는 곡선 느낌을 활용하여 이미지를 연출한다.

8 은은한 이미지 peaceful

은은한 이미지는 정적이며 그윽한 느낌과 꾸미지 않은 소녀 같은 느낌을 표현한다. 또한 전체적으로 부드러우면서 잔잔하고 가볍고 단아한 느낌을 준다. 어울리는 색조는 그레이시 톤의 주황색과 파란색을 주조색으로 하여 강한 대비가 아닌 유사배색으로 표현하고, 중명도와 저채도 색조를 활용하여 전체적으로 부드럽고 차분한 배색으로 연출한다.

헤어스타일과 메이크업, 네일아트는 화려한 장식을 배제하고, 차분하게 자연스럽고 수수한 느낌으로 연출한다.

9 다이나믹 이미지 dynamic

다이나믹 이미지는 화려하면서도 역동적인 분위기와 강렬하고 열정적인 이미지를 나타낸다. 어울리는 색조는 고채도의 비비드 톤, 기본 톤, 딥 톤이 주를 이루며, 빨강, 노랑, 파랑, 검정 등의 색을 활용하여 강한 대비 배색으로 역동적인 이미지로 표현한다.

헤어스타일은 원색을 다양하게 활용하여 강한 이미지로 표현하고, 메이크업은 선명한 색상을 대비되도록 표현하여 화려하면서도 역동적인 분위기를 연출한다. 네일아트는 대비가 강한 고채도의 색상을 직선을 활용하여 연출한다.

10 모던한 이미지 modern

모던한 이미지는 현대적, 근대적이라는 의미와 도회적 감성과 하이테크한 분위기를 나타낸다. 기능적이고 장식이 제한적인 심플한 디자인과 기하학적인 구조로 연출하며, 어울리는 색조는 블랙키시 톤, 다크 톤, 딥 톤의 컬러가 주를 이루며 검정, 하양, 회색의 무채색을 기본으로 이미지를 배색한다. 파랑 계열의 차가운 색으로 기계적인 차가운 분위기와 명확한 느낌을 강조하고, 대담한 색상 대비와 명암 대비로 미래 지향적 감각을 연출하며, 빨강 계열의 강한 이미지 배색은 세련된 이미지를 연출한다.

헤어스타일은 포니테일의 깔끔한 스타일이나 클래식 보브(classic bob)로 세련되고 단정한 이미지를 연출하고, 메이크업은 매트한 피부 표현과 무채색, 블루, 퍼플 등을 주조색으로 표현한다. 네일 아트도 무채색과 저명도의 한색 계열로 색상 대비, 명암 대비를 이용하여 표현한다.

⑪ 점잖은 이미지 courtesy

점잖은 이미지는 지적이며 신중한 느낌의 보수적이고 중후한 분위기와 고급스러운 남성적 느낌을 강하게 표현한다. 어울리는 색조는 베이지, 골드, 다크 브라운, 와인, 네이비 등 저명도와 저채도의 탁한 색조와 이를 활용한 배색이 주를 이룬다.

헤어스타일은 전통적인 깔끔한 스타일로 굵은 웨이브의 단발과 업스타일, 짧은 스트레이트 형태 등으로 표현한다. 메이크업은 안정된 피부 표현에 브라운색, 자주색, 와인색 등을 이용하여 입체감 있는 표현으로 이지적인 이미지를 연출한다. 네일아트는 클래식한 느낌의 색과 문양을 이용하여 표현한다.

⑫ 고상한 이미지 noble

고상한 이미지는 시대를 초월하는 가치와 보편성을 지닌 전통적인 이미지로 차분한 분위기와 고급스러운 중후한 느낌이 있고 클래식한 분위기를 연출한다. 난색 계열을 사용하여 앤틱 느낌의 묵직한 가구처럼 오랜 시간의 흔적이 담긴 원숙한 분위기를 표현한다. 어울리는 색조는 딥 톤, 다크 톤, 다크 그레이시 톤, 블랙키시 톤으로 무겁고 어두운 컬러가 주를 이루고, 전체적으로 품위 있고 수수한 느낌을 표현한다.

헤어스타일은 고전적이고 전통적인 스타일로 업스타일이나 웨이브진 짧은 단발로 표현한다. 메이크업은 안정된 피부 표현에 브라운, 와인색 등을 입체감 있게 표현하고 특히 눈매를 깊게 표현하며, 귀족적이고 지적인 분위기를 연출한다. 네일아트는 곡선적인 부드러움을 이용하여 브라운, 와인색, 다크 그린의 짙은 색조 배색으로 고풍스러우면서도 고상한 느낌을 연출한다.

[표 감성이미지별 배색]

형용사	특징	컬러
귀여운 (Pretty)	작고 아기자기한 이미지, 연한 색조 배색, 고채도, 고명도 난색 계열 사용. 발랄하고 화사한 느낌의 배색	Y/lt, YR/lt, R/lt, RP/pl, Y/pl, R/pl, GY/pl, P/pl, GY/wh
맑은 (Pure)	깨끗하고 잔잔한 이미지의 가벼운 느낌 고명도, 저채도의 콘트라스트를 약하게 배색	P/wh, Y/wh, PB/wh, YR/wh, GY/wh, G/wh, BG/pl, PB/pl, N9.5,
온화한 (Mild)	가볍고 밝은 이미지의 소프트한 느낌 탁하고 차분하면서도 부드럽고 유연한 느낌의 배색	Y/sf, Y/wh, PB/wh, B/wh, P/wh, YR/ltgy, N8, N9.5
내추럴한 (Natural)	자연 그대로의 이미지, 따뜻하고 자연스러운 느낌 저채도와 중명도 이상의 회색조와 배색	Y/sf, YR/sf,Y/ wh, GY/wh, YR/lt, GY/ltgy, Y/ltgy, G/ltgy, R/pl, GY/dp, YR/d
경쾌한 (Cheerful)	움직임이 가볍고 경쾌한 느낌 원색적인 색조와 고명도의 색조로 생동감 있는 배색	R/vv, Y/vv, GY/vv, R/lt, B/lt, BG/lt, Y/wh, RP/wh
화려한 (Gorgeous)	여성스럽고 멋스러운 화려한 매혹적인 느낌 색조의 명확한 대비 배색	RP/vv, Y/vv, P/vv, RP/lt, RP/dp, R/dp, P/pl, YR/wh, N1.5
우아한 (Elegant)	여성스러우면서도 고급스러운 우아한 이미지 여성스러운 느낌의 Purple이나 Red Purple을 사용하여 배색	R/sf, P/lt, RP/lt, P/dl, RP/wh, B/wh, YR/wh, Y/pl, RP/pl,
은은한 (Peaceful)	회색조의 탁한 색조를 사용하여 배색 중명도, 저채도 위주의 색조를 이용하고 차분하고 정돈된 느낌의 배색	GY/wh, YR/sf, YR/ltgy, PB/ltgy, R/ltgy, GY/ltgy, R/gy, P/gy, N7, N8
다이나믹한 (Dynamic)	강한 느낌과 어둡고 박진감 넘치는 색조 난색 계열의 선명하고 활동적인 배색	R/vv, Y/sf, PB/dp, PB/dp, P/dp, N1.5
모던한 (Modern)	무채색 위주로 딱딱하고 진보적인 느낌의 배색 하이테크 이미지, 도시적인 세련미의 탁한 색조를 사용하여 배색	PB/wh, PB/vv, B/vv, BG/vv, BG/pl, PB/dp, N1.5, N2, N7, N9,
점잖은 (Coutesy)	탁하면서 무겁고 기존의 틀을 벗어나지 않는 이미지 고상하며 정적인 느낌 저채도의 탁한 색조와 저명도의 색조를 이용하여 딱딱한 느낌의 배색	R/sf, PB/ltgy, YR/dl, Y/dk, B/dk, GY/dk, P/dk, N1.5, N4, N5, N6
고상한 (Noble)	품격이 느껴지며 무게감 있는 이미지 채도를 낮추고 명도도 약간 낮추어 배색하여 원숙한 중년 이미지로 표현	Y/sf, R/gy, YR/dk, Y/dk, YR/dl, R/dl, P/dl, N8,

4

퍼스널 메이크업
Personal Make-up

메이크업의 개념 ┃ 메이크업 도구 및 제품 ┃ 퍼스널 메이크업

메이크업(Make-up)이란 얼굴의 결점을 수정하고 단점을 보완해 장점을 부각하고 더욱 아름다운 얼굴로 꾸미는 행위이다. 과거 얼굴에 화장한다는 의미를 넘어 현재에는 새로운 캐릭터를 창조하는 예술적 범위까지 메이크업의 영역이 확대되었다.

:: 메이크업의 개념

메이크업의 사전적 의미는 '제작하다' 또는 '보완하다'이다. 메이크업이란 용어가 최초 사용된 곳은 17세기 영국에서 시인 리차드 크라슈(Richard Crashou)가 처음 사용하였다. 백납분에 다양한 색을 섞어 다채롭게 얼굴에 바르는 페인팅(Painting)의 개념은 세익스피어의 희곡에서 처음 등장하였다. 현대에서 메이크업은 얼굴을 꾸민다는 개념을 넘어 이미지의 변화와 자신감, 정체성의 또 다른 표현으로 심리적 기능까지 포함한다.

:: 메이크업 도구 및 제품

메이크업 도구를 잘 활용하면 표현하고자 하는 것을 정교하게 표현할 수 있다. 메이크업 도구는 목적과 사용에 따라 분류되며 용도가 정해져 있기도 하지만 때론 메이크업의 다양한 표현을 위해 자유롭게 사용되기도 한다.

① 메이크업 도구

■ 스펀지 sponge

문지르고 두드리는 방법으로 주로 피부에 파운데이션을 발라 깨끗하고 고른 피부 표현을 하기 위해 사용된다. 해면 스펀지, 라텍스 스펀지 등이 있다.

■ 스퍼프 puff

두드리고 눌러주는 방법으로 주로 파우더를 얼굴에 바를 때 사용하거나 메이크업 아티스트의 손이 모델 피부에 직접적으로 닿지 않기 위해 한 손에 끼는 용도로도 사용한다.

■ 스파우더 브러쉬 powder brush

브러쉬 중 가장 크기가 크며 부드럽고 둥근 형태의 브러쉬이다. 파우더 가루를 얼굴에 묻힐 때 사용하며 뽀송뽀송한 피부 표현을 하기에 적절하다.

■ 팬 브러쉬 fan brush

부채꼴 모양의 납작한 브러쉬로 얼굴에 이물질이나 여분의 가루를 털어낼 때 사용된다.

■ 컨실러 브러쉬 concealer brush

족제비 털로 만든 브러쉬가 많으며 작고 가늘어 피부의 결점을 정교하게 커버할 수 있다.

■ 블러셔 브러쉬 blusher brush

볼 화장을 하거나 얼굴 윤곽을 수정할 때 사용되며 적절한 중간 크기의 브러쉬를 선택해서 사용해야 한다.

■ 아이섀도 브러쉬 eyeshadow brush

작고 둥근 모양의 브러쉬로 눈 화장을 할 때 사용된다. 베이스용, 포인트용, 하이라이트용에 따라 브러쉬의 크기가 달라지며 예민한 눈가 피부에 자극되지 않은 브러쉬를 사용하는 것이 좋다.

■ 사선 눈썹 브러쉬 slant eyebrow brush

각진 사선형태의 브러쉬로 눈썹의 빈 공간을 채우고 원하는 눈썹 모양을 만들 때 사용한다. 가늘고 부드러우면 단단한 브러쉬가 사용하기 편하다.

■ 스크루 브러쉬 screw brush

작은 솔 모양의 브러쉬로 아래에서 위로 눈썹 결을 정리해 주거나 마스카라가 뭉친 속눈썹을 가볍게 빗어주는 용도로 사용한다.

■ 아이브로우 콤 브러쉬 eyebrow comb brush

한쪽은 작은 빗 모양이고 반대편은 칫솔 모양의 솔로 되어있는 브러쉬이다. 눈썹의 방향과 형태를 정리하거나 길이를 체크할 때 사용한다.

■ 팁 브러쉬 tip brush

브러쉬 끝에 둥근 스펀지의 재질이 끼워져 있는 브러쉬로 눈 화장을 할 때 주로 사용된다. 아이섀도 컬러 표현에 용이하며 초보자도 쉽게 사용할 수 있다.

■ 립 브러쉬 lip brush

납작하고 작은 브러쉬로 라운드형 브러쉬와 스트레이트형 브러쉬가 있다. 입술 화장을 할 때 사용된다.

■ 아이래시컬러 eyelash curler

집게의 형태로 속눈썹을 자연스럽게 올리거나 컬을 만들어 줄 때 사용한다.

■ 립펜슬 lip pencil

부드러운 발림성과 립스틱처럼 다양한 색을 가지고 있으며 연필 타입으로 입술 외곽 표현과 수정에 사용된다.

출처: Google '메이크업 도구'

② 메이크업 제품

■ 메이크업 베이스 make-up base

파운데이션을 바르기 전 피부톤을 정리하고 피부에 색조 효과를 줌으로써 꼼꼼한 베이스 처리 후에 파운데이션이나 파우더가 잘 표현될 수 있다. 리퀴드 타입, 크림 타입이 있으며 피부 타입에 따라 연핑크색, 보라색, 흰색, 그린색, 블루색, 오렌지 브론즈 색 등의 베이스를 선택해 적절하게 사용하여야 한다.

■ 파운데이션 foundation

얼굴의 입체감을 살리면서 피부를 깨끗하고 결점 없이 표현하며 색조 메이크업을 더욱 돋보이게 한다. 파운데이션의 종류는 리퀴드 타입, 크림 타입, 스틱 타입, 팬케익 타입, 파우더리 타입 등이 있으며 밀착력이 높고 자신의 피부 톤에 맞는 적절한 제품을 선택해야 한다.

■ 컨실러 concealer

컨실러는 피부의 결점이 있는 부분의 커버를 위해 사용된다. 보통 파운데이션 보다 1~2톤 밝은 색을 사용하며 소량을 사용한다. 컨실러의 종류는 리퀴드 타입, 스틱 타입, 크림 타입, 펜슬 타입 등이 있다. 다양한 형태와 질감의 제품들이 출시되어 있어 이를 적절하게 사용하는 것이 필요하다. 나이든 사람은 얇고 크리미한 컨실러를 사용하면 갈라짐 없이 주름과 다크서클을 커버할 수 있으며, 눈 아래쪽은 많은 파우더 사용을 피해야 한다.

■ 파우더 powder

메이크업의 마지막 단계에서 피부의 유분을 제거하고 메이크업의 지속력을 높이기 위해 사용한다. 파우더는 탈크로 된 백색 무기안료에 유색안료를 배합해 만들어진다. 입자가 고울수록 좋으며 피부 타입에 따라 사용량을 조절해야 한다. 파우더의 종류는 투명 파우더, 콤팩트 파우더, 브론즈 파우더 등이 있다.

■ 아이브로우 eyebrow

눈썹의 형태, 색의 짙고 옅음을 표현할 때 사용되며 주로 흑색, 회색 갈색이 많이 사용되고 펜슬 타입, 섀도우 타입 등이 있다. 요즘엔 머리 색과 눈썹 색을 맞추기 위해 아이브로우용 마스카라도 많이 사용된다.

■ 아이섀도우 eyeshadow

아이섀도우는 메인컬러, 베이스 컬러, 포인트 컬러, 하이라이트 컬러. 섀도 컬러, 언더 컬러에 사용되며 피부 톤에 따라, 원하는 메이크업 분위기에 따라, 표현하고자 하는 분위기에 따라 다르게 표현된다. 아이섀도우는 가장 밝은 부분에 바르는 컬러로 보통은 화이트, 아이보리 색상이 주를 이루는 하이라이트 컬러, 아이섀도 메이크업에서 색을 표현하는 첫 번째 단계로 눈꼬리부터 앞머리 방향으로 아이홀 안쪽에 펴 발라 주는 베이스 컬러, 컬러 사용 시 가장 중요한 컬러이며 표현하고자 하는 색상을 대표한다. 눈꼬리부터 앞머리 방향으로 아이홀 안쪽 2/3지점까지 둥글게 펴 바르는 메인 컬러로 구분된다.

■ 마스카라 mascara

속눈썹을 짙고 길게 표현하기 위해 사용되며 속눈썹의 컬을 유지해 눈의 인상을 더욱 또렷하게 만드는데 사용된다. 색상은 주로 검정색을 사용하며 이외에도 갈색,

출처: Google '메이크업 도구'

보라, 청색 등 다양한 색이 있다. 마스카라 타입은 액상형과 고형이 있으며 마스카라 종류는 볼륨, 롱래쉬, 컬링 업, 투명, 방수 등이 있다.

■ 립Lip

입술에 윤곽을 살리고 색감을 주기 위해 사용된다. 립스틱, 립크림, 립라이너, 립그로스 등이 있으며 색에 따라 다양한 분위기의 이미지 연출이 가능하다.

■ 블러셔Blusher

얼굴의 입체감을 살리고 피부에 생기를 주기 위해 볼에 사용한다. 블러셔의 종류는 케익 타입, 크림 타입, 파우더 타입, 젤 타입 등이 있다. 블러셔의 위치에 따라 이미지가 달라질 수 있기 때문에 얼굴형의 수정 효과도 가진다.

■ 하이라이트와 섀딩Highlight&Shading

하이라이트는 광대뼈, 눈 밑, 눈썹뼈, 턱 중앙의 돌출 된 부위를 더욱 밝고 돌출되어 보이게 하는 효과가 있으며 쉐이딩은 콧날 양 옆, 헤어라인, 턱부위를 피부 톤보다 어둡게 표현하기 위해 사용한다. 하이라이트와 쉐이딩은 얼굴의 입체감을 살리기 위해 사용되며 파우더형, 스틱형, 케익형 등이 있다.

:: 퍼스널 메이크업

사람에게 첫인상은 매우 중요한 요소이며 특히 수정 메이크업은 얼굴의 전체적인 균형을 잡아주는 데 중요하기 때문에 첫인상을 결정짓는 중요한 역할을 한다. 얼굴형은 크게 7가지 기본 형태로 분류한다. 자신의 얼굴 형태에 인상을 고려한 상호 보완적인 메이크업과 색채를 찾아 메이크업하는 것은 매우 중요하다. 대부분 얼굴은 이러한 형태들이 섞여있는 것을 볼 수 있다. 얼굴형에 따른 메이크업 수정 테크닉은 최대한 계란형에 가깝게 보이도록 하는 것에 초점을 맞추는 것이 중요하다.

① 얼굴형에 따른 수정메이크업

■ 계란형oval face

가장 이상적인 얼굴형으로 양 볼의 폭이 넓고 이마와 턱은 좁다. 전체적으로 균형이 잡힌 얼굴형을 말한다. 대인관계에 안정감을 줄 수 있으며 통찰력과 기억력이 좋다. 반면 이기적 성향이 내재되어 있고 내성적 성격의 소유자가 많다. 자연스러운 하이라이트와 새딩으로 전체적으로 느낌 그대로를 살려 메이크업을 한다.

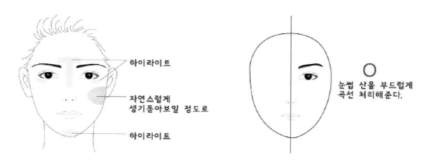

출처: https://blog.naver.com/atm7878/220677717812

■ 역삼각형heart shaped face

광대뼈가 높고 턱이 좁고 돌출되어 있으며 이마가 낮은 편이다. 얼굴 길이가 짧게 느껴진다. 수정 메이크업 방법으로는 양쪽 이마와 관자놀이부분을 어둡게 새딩한다. 헤어라인 가깝게 머릿결 방향으로 레이어드 한다.

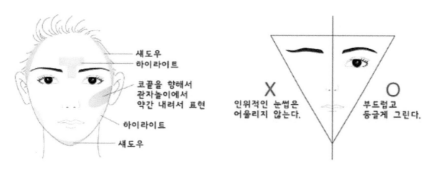

출처: https://blog.naver.com/atm7878/220677717812

■ 둥근형round face

한국인의 일반적인 얼굴형으로 젊은 사람이나 얼굴에 살이 많은 사람으로 성격이
침착하고 온화해 보이나 활동적이지 못한 인상을 준다. 이미지 메이크업은 평면적
으로 얼굴이 길어 보이고 입체감을 주어 활동적인 인상을 남겨야 한다. 수정 메이
크업 방법으로는 이마, 눈 언더라인, 턱 중간, 콧등에 하이라이트를 주어 평평해 보
이는 얼굴에 입체감을 주는 것이 중요하다. 또한, 얼굴 외곽의 파운데이션 양을 줄
이고 관자놀이, 볼 바깥쪽, 턱선에 어두운 컬러로 새딩주어 입체감을 준다. 블러셔
는 관자놀이에서 입 꼬리 쪽 방향으로 터치해준다.

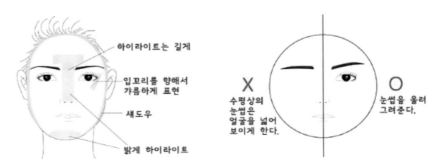

출처: https://blog.naver.com/atm7878/220677717812

■ 긴형long face

얼굴이 좁고 살이 없어 과거에는 미인의 얼굴형이라 불리었으나 얼굴의 분위기가
소극적이고 생동감이 결여되어 보인다. 실제의 나이보다 어른스러운 느낌을 주며
침착하고 고상한 이미지다. 턱에 음영을 주고 수평적인 눈썹을 그려 얼굴 전체의

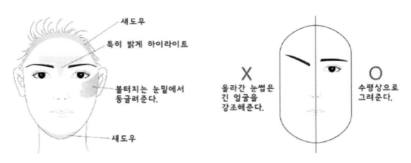

출처: https://blog.naver.com/atm7878/220677717812

긴 느낌을 줄이는 메이크업을 추천한다. 정 메이크업 방법 블러셔를 광대뼈 부분에 넓게, 가로 방향 일직선으로 표현한다. 하이라이트는 콧등의 2/3정도 까지만 주어 길어 보이는 코를 짧게 보이도록 한다. 이마와 턱선을 따라 가로로 새딩 해준다. 일 자형 눈썹과 길게 뺀 아이라인으로 포인트 메이크업을 하는 것도 효과적이다.

■ 사각형square face

아래턱이 사각이며 이마는 넓고 각이 발달해있으며 반면에 볼 뼈는 평평하고 경향 이 있고 두드러지지 않는다. 볼은 통통해 보일 수 있다. 수정 메이크업 방법으로는 얼굴 중앙 쪽으로 시선 집중할 수 있는 수정 메이크업을 한다. 이마 양옆의 모서리 부분, 양쪽 턱 부분을 어둡게 새딩한다. 둥근 눈썹과 콧등의 하이라이트로 부드러 움과 입체감을 준다.

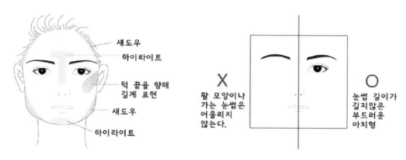

출처: https://blog.naver.com/atm7878/220677717812

■ 마름모형

광대뼈가 두드러지며 좁은 이마와 좁은 턱을 가지고 있어 독단적인 인상을 주기에 쉽다. 얼굴에 튀어나온 부분에 진한 파운데이션을 사용하여 볼 뼈의 두드러짐이 강조되지 않도록 하여 강한 인상을 좀 더 부드럽게 연출한다. 수정 메이크업 방법 으로는 이마는 넓게 하이라이트를 주고 턱부분은 새딩을 준다.

2 퍼스널 컬러에 따른 메이크업

퍼스널 컬러(Personal color)는 개인이 타고난 고유의 신체 색상으로 피부색, 머 리카락 색, 눈동자 색 등을 말하며 개인이 지닌 신체의 색을 알고 어울리는 색의 메이크업, 헤어 스타일링, 패션 스타일링, 악세사리 등을 함으로써 개인의 개성을 부각하고 이미지를 창출해 내는 역할을 한다. 퍼스널 컬러에 맞춰 퍼스널 메이크업을 진행할 경우, 자신에게 어울리는 메이크업 색상을 통해 훨씬 더 매력적인 얼굴로 표현할 수 있다.

■ 봄 메이크업

봄의 이미지는 생명이 지닌 생동감, 발랄함 등에 있으며 봄 메이크업은 화사하고 소프트하게 표현한다. 봄메이크업은 촉촉한 느낌의 자연스런 면을 강조하도록 하고 색감을 강조하지 않은 밝고 산뜻한 표현이 되도록 한다. 봄을 표현하는 이미지 칼라는 그린, 옐로우, 핑크계열로 고명도 저채도의 색 대비나 부드러운 보색대비 컬러의 색조 메이크업을 이용한다. 피부표현은 피부톤을 자연스럽게 표현하는 것이 가장 중요한데 복숭아나 살구빛이 느껴지는 피부 톤은 봄 메이크업에 가장 잘 어울리는 색상이다. 아이브로우 디자인은 표준형으로 갈색과 회색 새도우를 자연스럽게 섞어 눈썹 숱이 없는 부분을 중심으로 가볍게 쓸어주고 투명마스카라를 이용하여 눈썹 결을 정돈시켜 준다. 아이새도우 컬러는 눈두덩이 부분에 옐로우 컬러를 섞어 눈두덩이 전체에 봄을 연상시키는 화사한 컬러로 눈 꼬리쪽에 가볍게 포인트 처리하여 그라데이션 한다 언더라인(눈밑) 또한 새도우 컬러와 연결하여 자연스럽게 마무리한다. 갈색 펜슬을 이용하여 라인을 그린 뒤 선이 보이지 않도록 아이 새도우 포인트 색상으로 선을 그라데이션 시킨다. 검정 마스카라 또는 갈

색 마스카라를 표현하고 경우에 따라 녹색계열의 마스카라를 속눈썹 꼬리 쪽에 살짝 덧바르는 것도 신비감을 줄 수 있어 좋다. 립 메이크업은 아이 섀도와 같은 계열의 컬러를 선택하거나 베이지 계열의 오렌지 컬러의 립스틱 색을 선호하는 것이 좋다. 마지막으로 블러셔는 피치 계열의 컬러를 혼합해 볼뼈 위주로 가볍게 그라데이션 처리해준다

■ 여름 메이크업

여름의 이미지는 시원한 느낌을 주는 이미지로 밝고 시원한 느낌의 색을 이용하여 메이크업을 표현하고 깨끗한 피부표현에 중점을 둔다. 방수효과, 눈과 입술에 포인트를 둔 원포인트 메이크업으로 연출하면 세련된 느낌을 부각시킬 수 있다. 여름의 이미지칼라는 블루, 오렌지, 화이트, 레드계열이다. 활동적이고 시원한 이미지로 저명도 고채도의 칼라와 블루 오렌지 실버계의 유사색대비로 표현한다. 피부표현은 어두운 리퀴드 파운데이션을 이용하여 구리빛 피부로 표현하되 아주 얇게 펴 바른

다. 잡티가 있다고 하여 지나치게 커버시키면 피부 톤이 두꺼워 더욱 무겁고 더워 보이므로 주의 해야하며 하이라이트와 섀딩은 생략하고 크림 섀도우를 이용하여 볼 뼈 부위에 가볍게 두드려 발라 약간의 혈색을 부여한 뒤 커다란 브러시에 파우더를 묻혀 가볍게 유분기만 거두어내는 정도로 파우더 처리한다. 때로는 파우더를 생략하여 글로시한 피부 느낌을 연출해도 좋다. 아이브로우 메이크업은 지나치게 두껍거나 진하면 더운 느낌을 주므로 눈썹은 빈 곳을 살짝 메꿔 주는 느낌으로 가볍게 처리하고 투명마스카라로 눈썹 결을 정돈해 준다. 아이섀도우 컬러의 경우 연한 블루 톤의 샤도우 색상으로 눈 꼬리 쪽에 가볍게 포인트 처리한 후 눈 앞머리와 연결되도록 그라데이션 처리한다. 아이란인과 마스카라는 검정색 아이라이너로 눈매를 따라 최대한 가늘게 라인으로 그리되 다소 긴 듯한 느낌으로 빼주고 또렷

한 느낌을 강조한다. 워터 푸르프 타입의 검정색 마스카라로 속눈썹에 포인트를 준 뒤 꼬리 쪽에 블루 계열의 마스카라를 살짝 발라 눈매에 시원함을연출 시킬 수 있다. 립 메이크업은 누드베이지, 베이지 핑크톤의 립 라이너로 입술 선을 가볍게 정리해 주는 느낌으로 표현한 뒤 라인이 두드러지지 않도록 잘 그라데이션하고 투명 립그로스나 연핑크 계열의 립그로스를 발라 입매에 광택감을 주어 시원한 느낌이 들도록 한다. 치크 메이크업은 블러쉬는 생략하거나 연한 핑크톤으로 볼뼈를 감싸듯 부드럽게 펴준다.

■ 가을 메이크업

가을의 이미지는 차분하고 지적이고 사색적이며 풍성한 이미지이다. 분위기있고 라인을 강조한 격식적인 메이크업이 되도록한다. 가을의 이미지는 칼라는 브라운, 골드, 카키 계열이다. 피부표현은 블론드의 따뜻한 느낌의 피부를 살려 너무 밝지 않게 표현하고 약간 어둡게 표현하도록 하며 얼굴형에 맞는 하이라이트와 쉐딩을 주어 건강한 이미지를 부각하는 것이 좋다. 가을 메이크업의 아이브로우 디자인은 눈썹을 잘 정돈하여 펜슬로 아치형 눈썹을 연출한 뒤 아이섀도우를 이용하여 눈썹 결을 깔끔하게 연출해 준다. 아이섀도우 컬러는 주로 채도가 낮고 농도가 짙은 색을 이용하여 낙엽지는 계절의 감각을 그대로 적용시킨다. 브라운 계열의 아이 섀도우를 눈두덩이 전체에 펴 발라 눈매를 차분하게 만든 후 진한 갈색의 펄 섀도우

를 이용해 쌍꺼풀 라인을 따라 포인트 처리한다. 둘 사이에 경계가 없도록 그라데이션을 꼼꼼이 처리한 후 눈썹 뼈밑에 아이보리 컬러로 하이라이트 효과를 주어 더욱 깊이 있는 눈매로 연출한다. 립 메이크업은 브론드 계열, 딥 레드 계열, MLBB 컬러 등을 이용할 수 있고 치크 메이크업의 경우 브라운과 오렌지 컬러를 섞어 볼 주변에 부드럽게 표현한다.

▪ 겨울메이크업

겨울이미지는 추운날씨와 대조적으로 따뜻한 표현을 염두에 두어 따뜻하고 여성적이며 심플한 이미지로 표현한다. 베이스를 밝게 하고 입체감을 강조한다. 겨울이미지 칼라는 와인, 레드, 다크브라운 계열이다. 피부표현 밝은 핑크톤의 스틱 파운데이션을 이용하여 잡티 없이 꼼꼼하게 피부 처리를 한 후 갈색에 핑크색 파운데이션을 섞어 얼굴 윤곽선을 따라 쉐딩처리하여 얼굴의 음영을 만들어 준다. 흰색에 아이보리 파운데이션을 섞어 눈밑, 이마 중앙, 콧대, 중앙에 하이라이트 효과를 준다. 대비가 강한 만큼 정교하게 그라데이션 시키는 것이 중요하다. 아이브로우 디자인은 회색 또는 검은색 펜슬로 이용하여 자연스럽운 아치형의 눈썹을 연출하되 꼬리를 약간 짧게 그려 도시적인 이미지를 강조한다. 주로 사용할 수 있는 아이새도우 컬러로는 블루, 퍼플, 와인, 블랙, 그레이 등의 컬러로 눈두덩이 부위와 눈밑을 연결하여 세미 스모키 또는 스모키 메이크업으로 표현하여도 잘 어울린다. 블랙 아이라이너로 눈매를 살려 또렷하고 강렬한 눈매 연출을 할 수 있다. 립 메이

크업의 경우, 풀 립 메이크업으로 붉은 계열의 강렬한 컬러로 립 메이크업을 강조해도 충분히 소화할 수 있다. 치크 메이크업은 갈색에 핑크색을 소량 섞어 광대뼈 부위에서 시작하여 볼 뼈를 부드럽게 감싸듯 펴 바르고 얼굴 윤곽선 전체로 다시 한번 연결시킨다.

5

헤어스타일링

Hair Styling

얼굴형과 헤어스타일 ┃ 퍼스널 헤어컬러 ┃ 퍼스널 트리콜로지

헤어스타일은 얼굴의 인상과 전체적 이미지에 영향을 주는 중요한 역할을 하며 자신의 개성과 미적 욕구를 표현하는 방법으로 활용된다. 또한 모발의 길이와 퍼머넌트의 형태, 컬러 변화로 얼굴형의 결점을 보완하며 개성을 강화 시킨다. 그리고 헤어스타일은 대인 관계 형성에 있어서 첫인상을 형성하는 역할로 일상생활과 취업의 영역까지 이어져 사회적, 심리적 욕구의 충족과 연관되어 있다. 이처럼 헤어스타일의 변화는 신체적 보완이나 강점을 부각시키고 자기 만족감을 가져온다. 심리학적으로 헤어스타일의 변화는 자기 만족감의 추구와 자기 개선의 실현, 자신의 자아감각을 높이는 이상적 이미지 추구에 있고 심리 상태의 변화와 스트레스 해소를 통하여 심리적 안정감에 영향을 주고 있다.

:: 얼굴형과 헤어스타일

헤어디자인이란 설계, 구상, 계획, 도안, 의도 등의 좁은 의미와 실용적 목적을 지닌 미적 조형을 계획하여 구체적으로 표현하는 넓은 의미가 있다. 이러한 과정을 통하여 조화로운 아름다움을 표현하는 것은 헤어스타일뿐 아니라 얼굴형 전체와 조화를 이루는 것이며, 아름다운 부분을 강조하고 결점을 보완하여 완성하는 것이다. 얼굴형은 외모에서 개성을 가장 잘 나타내는 요소로써 얼굴형과 헤어스타일은 상호 작용하여 시각적 효과에 영향을 준다. 얼굴형은 복합적이고 다양한 형태를 보이고있으며, 여러 종류의 얼굴형을 이해하기 위해서 얼굴형의 비율을 알아야 한다. 얼굴형 비율의 기준은 얼굴을 수평으로 3등분하여 분석한 후 얼굴의 중앙을 수직으로 나눈다. 얼굴형은 이목구비와 머리모양을 제외한 얼굴의 외곽선을 의미하고, 외곽선의 형태에 따라 나누어진다. 얼굴형에 관한 여러 학설 중 국제 표준의 얼굴형은 황금비율인 1:1.618의 비율이며, 헤어스타일에 있어서 가장 이상적인 비율은 얼굴의 길이가 180~186mm, 얼굴의 폭은 128~134mm에 해당하는 경우이다. 전체적으로 균형 있는 얼굴을 3등분하면 이마에서 눈썹까지, 눈썹에서 코끝까지, 코끝에서 턱선까지의 길이가 1:1:1 비율로 나누어진다. 얼굴형은 일반적으로 타원형(계란형), 둥근형, 사각형, 직사각형, 마름모형, 역삼각형, 삼각형으로 구분한다. 이 중 타원형(계란형)은 표준형으로 가장 이상적인 얼굴형이다.

1 타원형(계란형)

■ 연출법

타원형을 많은 전문가들이 가장 이상적인 얼굴형이라고 말하는 이유는 어떤 헤어스타일도 무난하게 소화해 내기 때문이다. 얼굴 윤곽을 가리지 않고 헤어스타일로 개성을 살려서 아름다움을 더 강조할 수 있지만, 잘못하면 너무 평범하게 보일 수도 있다.

2 둥근형

■ 연출법

둥근 얼굴이 타원형 얼굴처럼 보이려면 얼굴이 길어 보이도록 탑 부분에 볼륨을 넣어서 높고 풍성하게 살려 주어야 한다. 양쪽 사이드는 볼륨을 최소화하여 차분히 늘어뜨리거나 짧게 연출해서 샤프한 이미지를 연출한다. 긴 모발인 경우 컬을 살리는 스타일은 턱선보다 더 아래쪽에 컬을 넣는 긴 웨이브 헤어로 연출하고 헤어의 끝선이 가벼운 스타일이 좋다. 비대칭 커트나 짧은

숏 헤어도 잘 어울린다. 앞머리는 뱅스타일을 피하고 사선 방향으로 조금만 가리거나 위로 넘겨서 이마를 드러낸다. 앞머리를 내릴 경우 눈썹보다 위로 올라갈수록 얼굴이 길어 보이는 효과를 줄 수 있다.

③ 사각형

■ 연출법

어울리는 헤어스타일로는 양옆 사이드가 좁아 보이도록 볼륨은 줄이고 웨이브나 컬을 넣어 직선 느낌이 아닌 곡선 느낌을 살려 부드러움을 더한다. 차갑고 강한 이미지를 없애 주기 위하여 옆머리에 층을 내어 가볍게 하고, 각진 부분을 가려주기 위한 비대칭 헤어스타일도 잘 어울린다. 가르마는 센터보다는 사이드가 더욱 이상적이고 앞머리는 일자 형태를 피하도록 한다. 또 피해야 할 헤어스타일은 수평 보브 스타일, 턱선의 단발 스타일, 얼굴형이 드러나도록 바깥으로 뻗친 스타일은 피하는 것이 좋다.

④ 직사각형

■ 연출법

어울리는 헤어스타일로는 얼굴이 길어 보이지 않도록 탑부분의 볼륨은 낮추고 사이드 부분은 풍성한 웨이브나 강한 웨이브로 처리하면 얼굴이 둥글게 보일 수 있다. 앞머리는 뱅 처리를 하여 얼굴이 길어 보이지 않도록 하며 센터 파트보다 사이드 파트를 하도록 한다. 주의할 점은 가르마를 길게 타지 않는 것이 더 중요하다. 자칫 얼굴 길이가 더욱 길게 부각되어 보일 수 있으므로 긴 길이의 스트레이트 스타일도 피하는 것이 좋다.

5 마름모형

■ 연출법

부드러운 인상을 주기 위한 세미롱
이나 롱헤어에 얼굴선을 따라 흘러
내리는 레이어드(layerd)스타일이
잘 어울린다. 마름모형의 이마 부분
은 두피에 볼륨을 살려주며 광대뼈
부분은 모발 볼륨이 없도록 해야
한다. 양쪽 사이드는 턱선이 풍성하
게 보이도록 볼륨을 주는 웨이브를

디자인해야 잘 어울린다. 즉 이마와 턱 쪽에 볼륨을 주어 풍성한 느낌을 연출하며
광대는 자연스럽게 가려주는 것이 좋은데, 단순한 스타일은 광대를 더욱 돌출되어
보이게 하므로 피하도록 한다.

6 역삼각형

■ 연출법

역삼각형의 얼굴형은 귀여운 헤어스타
일이 잘 어울린다. 프론트는 볼륨을 살
려 큰 웨이브로 이마를 가리도록 하여
이마가 좁아 보이도록 하고, 좁은 턱선
은 볼륨이 있는 웨이브나 모발 끝이 안
쪽으로 말리는 스타일을 하면 뾰족한 턱
선을 둥글게 보이게 할 수 있다. 그러나
지나치게 짧거나 스트레이트 스타일은
얼굴 폭이 더 좁아 보일 수 있으므로 피
하는 것이 좋다.

■ 연출법

이마부분은 앞머리를 이용하여 넓어 보이도록
연출하고 양쪽 볼과 넓은 턱을 가릴 수 있도록
자연스럽게 흘러내리는 스타일을 연출한다. 풍
성한 웨이브스타일을 하게 되면 턱선이 더욱 넓
어 보일 수 있으므로 부드러운 웨이브로 디자인
하는 것이 좋다.

이 밖에도 두상의 형태에 따라 두상이 납작한 형은 탑 부분에 웨이브의 볼륨을 살
려주고 사이드 부분은 볼륨을 줄여주는 것이 좋고, 두상이 치솟는 형은 탑 부분에
볼륨을 줄여주고 사이드는 웨이브의 볼륨을 풍성하게 해주는 것이 좋으며, 뒤통수
가 납작한 형은 뒤통수에 웨이브를 강하게 하여 볼륨감을 살려주고 그 외에는 뒤
통수의 웨이브 볼륨보다 약하게 적당한 볼륨을 살려주는 것이 좋다.

또한 목의 형태에 따라 통통하고 짧은 목의 경우는 목덜미 부분에 볼륨감이 형성
되지 않도록 목 위쪽으로 스타일을 연출하면 목이 길어 보이는 효과가 있고, 가늘
고 긴 목의 경우는 부드러운 웨이브를 형성하여 볼륨감을 주어 가늘어 보이는 목
을 볼륨감 있게 연출하는 것이 좋으며, 굵고 살찐 목의 경우는 무거워 보이는 일자
형의 웨이브 스타일은 피하는 것이 좋다.

:: 퍼스널 헤어컬러

헤어컬러는 일반적으로 모발의 자연적인 색을 인위적으로 제거하고 화학물질인
인공색소를 고착, 착색시키는 것을 의미한다. 모발 염색의 기원은 천연식물이나 광
물질을 이용해 모발에 염색을 행한 기원전 3000년경으로 고대 이집트에서 선인장
의 열매, 헤나 등을 사용하였다. 기록에 의하면 로마인은 가장 다양한 모발 색상을

사용한 것으로 전해진다. 우리나라의 헤어컬러는 흰머리를 커버하는 것에 불과했지만 90년대 아이돌의 등장으로 컬러의 다양성이 본격화 되었다. 또한 유럽시장의 개방으로 인해 탈색, 염색, 헤나 등 다양한 제품들이 등장하였고, 건강한 삶을 추구하는 새로운 트렌드인 웰빙 문화가 생기면서 천연제품들도 많아졌다. 이러한 헤어컬러를 통하여 개인마다 상이한 모발 고유의 특성과 성질, 퍼스널 컬러를 파악해 발색될 수 있는 최적의 색을 찾고, 전문적 시술을 통하여 색이 표현되도록 한다. 헤어컬러의 외적 측면은 염색제와 염색 테크닉 등을 통하여 모발색을 원하는 색상으로 변화시키는 것이며, 내적 측면은 모발 색상의 변화를 통하여 이미지와 피부톤 등의 보완으로 정서적인 만족감을 주는 것이다. 즉 헤어컬러는 사람의 외모와 전체 이미지에 큰 영향을 주며 자신과 어울리는 색이 아닌 다른 타입의 색으로 염색하면 부자연스러운 인상을 주며, 자신만의 매력이나 개성을 떨어뜨릴 수 있다. 따라서 퍼스널 컬러에 맞춰 여름, 겨울 유형은 따뜻한 색상의 헤어컬러를 피하고, 봄, 가을 유형은 차가운 색상의 헤어컬러를 피하는 것이 좋다.

① 헤어 컬러링 이미지

헤어 컬러링에 있어서 따뜻해 보이는 난색은 눈에 잘 띄고, 추워 보이는 한색은 난색보다 눈에 덜 띄게 되는데, 모발의 색이 지나치게 강조될 경우 피부색이 선명하게 보이지 않을 수도 있으므로 주의해야 한다. 또한 색상에 의한 효과가 강한 온도감은 채도나 명도가 변화하면 같은 색상이라도 온도감이 바뀔 수 있다. 예를 들어 빨간색은 따뜻한 느낌이 드는 색이지만 명도와 채도가 낮은 경우에는 차가운 느낌의 빨간색으로 보일 것이다. 이러한 색의 온도감을 이용하여 자신이 원하는 분위기를 표현하기 위한 수단으로 사용할 수 있는데, 따뜻하고 귀여운 느낌의 분위기를 연출하기 위한 경우나 차분하고 가라앉은 분위기를 연출하기 위한 적절한 색상을 헤어컬러링에 응용할 수 있다. 명도가 높은 밝은 색은 가볍게 느껴지고 명도가 낮은 어두운 색은 무겁게 느껴지는데, 이러한 색의 중량감은 안락감과도 관계가 있어서 가벼운 색이 더 편안하고 부드러운 느낌을 주게 된다. 예를 들어 검은색의 헤어 컬러는 얼굴을 하얗게 보이게 하고 화려하면서 매력적인 이미지를 줄 수 있지만, 엄숙함과 경건함, 무게감이 있어 약간 무거운 느낌을 주므로 모발 숱이 부족한 사람에게 적당한 볼륨감을 줄 수 있다. 갈색은 동양인의 눈동자와 피부톤과 무난하게 어울려 헤어컬러 시 우아한 느낌을 주기 때문에 성숙한 분위기를 원하거나 차분한 느낌을 좋아하는 경우에 무난하게 소화할 수 있는 색상이다. 또한 모발색이 무겁고 검은 사람이 밝은 색으로 염색 했을 때 부드러운 인상을 받게 된다거나 훨씬 경쾌하게 보이는 것처럼 모발의 밝고 어두운 정도에 따라서 많은 이미지를 변화시킬 수 있는 것이다. 과거에는 모발을 한 가지 색으로 염색하는 것이 일반적이었지만 최근에는 모발에 여러 가지 색을 사용하여 풍부한 느낌을 얻는 경우가 많다. 예를 들어 모발의 윗부분은 약간 밝게, 아랫부분은 약간 어둡게 염색하여 볼륨감 있어 보이게 하거나 어두운 모발에 하이라이트를 주어 훨씬 동적으로 보이게 하는 것 등이다. 따라서 이미지를 효과적으로 표현하기 위해서는 적절한 헤어컬러를 고려해야 한다.

■ 내추럴 이미지|natural

평화롭고 자연스러운 풍경에서 느껴지는 색으로 아이보리, 베이지 등의 소박하고 편안한 색, 노랑 계열과 오렌지 계열의 색상이 주를 이룬다. 진한 탁한 색 계열은 피하고, 부드럽고 밝은 톤으로 이미지를 연출한다. 헤어컬러는 노랑 계열과 주황 계열을 사용하여 가볍고 부드럽게 자연스러운 분위기를 연출 할 수 있다.

■ 로맨틱 이미지|romantic

귀엽고 소녀 적인 이미지에 어울리는 핑크 계열, 노랑 계열, 보라 계열을 주조색으로 톤을 조절하여 사용하면 부드럽고 온화한 로맨틱 이미지를 연출할 수 있다. 헤어컬러는 밝은 톤의 색상을 사용하며, 부분적인 컬러링을 하는 경우 약한 대비의 배색이 강한 대비의 배색보다 로맨틱한 이미지와 조화를 이룬다.

■ 엘레강스 이미지|elegant

헤어컬러는 세련되고 차분한 느낌으로 완숙함을 연출할 수 있는 감각의 색상과 부드럽고 성숙함을 나타낼 수 있는 회색톤, 붉은보라 계열, 보라 계열, 브라운 계열이 어울리며 부분 염색은 색의 대비가 약한 색상과 은은한 그라데이션 톤으로 배색해

주는 것이 효과적이다.

■ 클래식 이미지classic

어두운 색상으로 갈색 계열, 와인 골드, 다크 그린 등 중후한 이미지를 표현할 수 있는 색을 적용한다. 헤어컬러는 진하고 어두운 갈색 계열로 고전적인 이미지를 표현할 수 있으며, 아주 밝은 갈색과 어두운 갈색 계열을 배색할 수 있다. 이때 대조적인 부분 배색보다 한 가지 색으로 단정하게 표현하는 것이 더 효과적이다.

■ 캐주얼 이미지casual

화려한 배색이 주를 이루며 부드러움과 청명함을 위한 배색의 조화가 필요하다. 원색과 파랑 계열, 노랑 계열, 빨강 계열을 화려하게 사용해도 효과적이지만, 화려함을 강조하기 위하여 여러 색을 사용하는 것보다 2~3가지의 색을 사용하여 밝고 활동적인 느낌의 배색을 한다. 헤어컬러는 선명한 색의 전체 염색보다는 색의 대비가 강한 활동적인 배색으로 프린지와 사이드의 부분 염색이 활동적인 이미지를 나타내는데 효과적이다.

■ 댄디 이미지dandy

깔끔하며 고급스러움을 표현하기 위해서 어두운 색조를 주조로 하며, 검은색, 어두운 회색, 갈색계열 중심으로 회색과 청색을 혼합한 배색이 안정적이고 세련되어 보인다. 헤어컬러는 단정하고 세련된 이미지를 표현하는 어두운 색조로 그라데이션 톤을 사용하는 것이 효과적이다.

■ 매니시 이미지mannish

무게감 있는 컬러로 검정, 회색, 다크톤의 블루, 그린, 브라운 계열의 다크톤과 그레이시톤 또는 다크 그레이시톤을 사용한다. 헤어컬러는 옅은 색보다는 조금 짙게 표현하여 강한 이미지를 나타낸다.

■ 모던 이미지modern

단순하고 베이직한 세련된 스타일로, 검정, 회색 등 무채색 계열이나 차가운 느낌을 주는 청색 계열로 표현한다. 헤어컬러는 무채색, 원색, 메탈릭한 계열의 색을 사용하여 개성있고 세련된 이미지를 표현한다.

■ 에스닉 이미지|ethnic

깊은 색감이 나는 덜(dl)톤과 딥(dp)톤, 스트롱(s)톤으로, 색상은 주로 그린, 옐로, 레드, 브라운 계열이다. 헤어컬러는 난색 계열의 강렬한 색상을 사용하는 것이 효과적이다.

■ 아방가르드 이미지|avant-garde

일반적인 색채의 사용보다 독창적인 배색을 활용하며 강한 색상 대비 등이 주류를 이룬다. 헤어컬러는 일반적으로 사용하지 않는 다양한 색상으로 표현하는 것이 효과적이다.

② 계절 유형별 헤어 컬러

헤어컬러는 피부 고유색의 일종으로 얼굴색에서 보이는 컬러 톤의 특징을 가지고 있으며, 염색을 통하여 개인의 이미지를 변화시킬 수 있다. 컬러를 선정할 경우에는 개인의 퍼스널 컬러를 바탕으로 하면 시각적으로 안정적이다.

■ 봄 유형

옐로우 톤이 어색하지 않은 피부톤으로 노란 빛이 감도는 연한 눈동자와 복숭아 빛과 노르스름한 빛이 감도는 피부, 밝은 갈색 빛의 윤기 나는 머리, 생기발랄하며 귀엽고 사랑스런 인상을 주는 유형이다. 어울리는 헤어컬러는 눈동자 색에 가까운 노란 기가 강한 브라운이 잘 어울리며, 황갈색이나 오렌지 계열의 색으로 골든 브라운, 골든 블론드 등 부드럽고 은은한 색이 잘 어울린다. 피해야 할 컬러는 검은색, 회갈색이나 블루 계열, 와인 계열 등은 피하는 것이 좋다.

■ 여름 유형

핑크빛, 붉은빛, 푸른빛이 감도는 피부에 얇고 윤기가 없으며 모발은 회색기미와 부드러운 검은 색이고, 눈동자는 회색빛 블루나 부드러운 브라운 계열이다. 어울리는 헤어컬러는 핑크톤의 피부에 어울리는 붉은 빛의 로즈 브라운과 연한 검은색, 푸른 빛이 약간 감도는 암갈색이 잘 어울린다. 피해야 할 컬러는 금빛 황갈색(골드 블론드), 황갈색(라이트 블론드), 적갈색(레드브라운)과 검은색은 피하는 것이 좋다.

■ 가을 유형

피부색은 노르스름하며 헤어컬러는 대부분 짙은 갈색이나 오렌지 빛의 붉은 갈색이고 눈동자는 황갈색이나 어두운 갈색으로 깊고 어두운 색이 많다. 어울리는 헤어컬러는 깊이 있고 따뜻한 브라운, 또는 초록빛이 느껴지는 눈동자인 사람은 초록이 들어간 애쉬 브라운(ash brown)도 잘 어울린다. 색을 풍성하고 깊이 있게 표현하려면 두 가지 색의 헤어컬러로 변화를 주는 것도 좋다. 피해야 할 컬러는 검은색과 와인색, 회색이 가미된 색은 피하는 것이 좋다.

■ 겨울 유형

투명하고 핏기가 없는 창백한 피부에 모발색은 푸른빛이 감도는 검은색과 갈색이며, 눈동자는 뚜렷하고 어두운 갈색 또는 푸른빛과 초록빛이 감도는 갈색이다. 어울리는 헤어컬러는 기본적으로 짙은 계열이며, 붉은 빛이 감돌지 않는 암갈색, 검은색, 와인색 등이 잘 어울린다. 피해야 할 컬러는 붉은 밤색, 골드빛이 감도는 갈색이나 지나치게 밝은색, 부분 염색 등은 피하는 것이 좋다.

③ 얼굴형에 따른 헤어 컬러

헤어 컬러는 얼굴형에 따라 영향을 미치는데, 얼굴이 크다면 어둡거나 차가운 색인 초록, 파랑, 보라 등의 색상을 선택한다. 얼굴이 길거나 인상이 차갑다면 밝거나 온화한 색인 빨강, 노랑, 주황 등의 색상을 선택하는 것이 효과적이다.

■ 둥근 얼굴형

귀여운 느낌이지만 다소 얼굴이 크고 넓어 보일 수 있는 얼굴형이다. 헤어 윗부분은 볼륨을 살릴 수 있는 마호가니 컬러를, 아랫부분은 진한 자주 빛이나 구릿빛 갈색으로 레벨 차이를 주면 얼굴이 갸름해 보이며 세련된 헤어 컬러 연출이 가능하다.

■ 삼각형 얼굴형

이마에 비해 턱이 넓은 얼굴형이므로 윗부분을 좀 더 밝게 표현하고 관자놀이 아랫부분부터 서서히 어둡게 로우라이트로 연출하는 것이 효과적이다.

■ 역삼각형 얼굴형

이마가 턱보다 넓은 얼굴형으로 관자놀이부터 턱라인을 향해 블리치로 색상 변화를 주면 아래쪽에 볼륨이 생겨 보인다. 하지만 윗부분에 너무 강한 색상을 사용하면 더욱 강조되어 날카로워 보일 수 있다.

■ 사각형 얼굴형

각진 턱으로 인하여 얼굴이 크게 보일 수 있는 얼굴형이므로 세로 길이를 강조하는 것이 중요하다. 양쪽 사이드 부분에 로우라이트를 연출하고 윗부분을 향해서 블리치로 볼륨을 주면 얼굴이 갸름해 보일 수 있다.

4 피부톤에 따른 헤어 컬러

피부톤을 고려한 컬러를 선택하면 얼굴 형태와 피부색에 영향을 주어 얼굴의 단점을 보완하고 장점을 부각시킬 수 있다. 피부톤에 어울리는 컬러를 찾기란 어려운 일이지만, 피부톤을 고려하지 않고 염색을 하면 이미지에 영향을 주므로 색채에 대한 전문 지식을 갖추는 것이 필요하다.

■ 하얀 피부톤

어울리는 헤어컬러는 브라운, 밝은 레드브라운, 오렌지 브라운, 애쉬 브라운, 애쉬 카키 등 밝은 톤의 브라운 컬러이다. 하얗고 차가운 느낌의 피부는 청순한 블루블랙이나 퍼플이 잘 어울리고, 하얗고 따뜻한 느낌의 피부는 부드러운 갈색 톤이 잘 어울린다. 피해야 할 컬러는 옐로 톤과 매트한 톤으로 창백하거나 칙칙해 보일 수 있고, 블루 계열의 차가운 컬러도 피부가 창백해 보일수 있으므로 피하는 것이 좋다.

■ 노란 피부톤

어울리는 헤어컬러는 얼굴에 붉은 빛을 살려주기 위하여 붉은 톤이 믹스된 레드 브라운, 오렌지 계열, 보라색 계열 등의 컬러이고, 초코 브라운과 청색기미가 있는 적색에 해당하는 버건디 컬러는 생기 있어 보이고 어려보이는 효과를 준다. 피부가 희며 노란기가 도는 피부는 와인계열, 붉은기가 도는 브라운, 블랙 등으로 피부색을 밝고 건강하게 만들어줄 수 있다. 피해야 할 컬러는 카키색, 진한 갈색, 검은색 등 차가워 보이는 색상이며, 이런 색상들은 얼굴이 칙칙해 보이기 때문에 피하는 것이 좋다.

■ 붉은 피부톤

어울리는 헤어컬러는 레드와 보색인 그린과 톤 다운된 카키, 카키 브라운 등과 같은 컬러이다. 그린계열의 톤 다운된 컬러는 피부의 붉은 기를 중화해 주어 부드럽고 깨끗한 느낌을 연출할 수 있다. 피해야 할 컬러는 와인 컬러나 붉은 계열이며, 피부색이 붉은 기미를 보이므로 피하는게 좋다.

■ 검은 피부톤

어울리는 헤어컬러는 아주 밝지 않은 브라운 계열과 와인 계열이다. 또한 오렌지 톤의 컬러를 선택하면 건강한 느낌을 연출할 수 있고, 골드 브라운이나 밀크 브라운 컬러를 선택하면 고급스럽고 또렷한 인상을 줄 수 있다. 피해야 할 컬러는 어두운 피부톤을 더 칙칙하고 어둡게 만드는 초코브라운과 블랙컬러이다. 또한 너무 밝은 색은 모발색과 피부색이 대조되어 얼굴이 더 어두워 보이므로 피하는 것이 좋다.

5 눈동자 색에 따른 헤어 컬러

피부톤은 계절에 따라 변하지만 눈동자 색은 거의 변함이 없다. 따라서 눈동자색이 헤어컬러를 결정짓는데 좋은 기준이 된다. 일반적으로 눈동자 색과 비슷하거나 2레벨 정도의 명도차이를 가진 헤어컬러가 가장 이상적이다.

■ 따뜻하고 어두운 색의 눈동자

밝은 갈색으로 반짝이는 눈동자에 어울리는 컬러는 기본적으로 눈동자와 비슷한 톤의 브라운 계열이다. 따뜻한 갈색 또는 골드나 구릿빛의 하이라이트, 캐러멜 컬러나 버터 컬러도 잘 어울린다.

■ 따뜻하고 밝은 색의 눈동자

브라운 컬러가 혼합된 비취색 눈동자에 어울리는 컬러는 밝고 따뜻한 블론드 계열, 즉 황갈색, 캐러멜색이나 버터색의 하이라이트가 어울린다.

■ 차갑고 어두운 색의 눈동자

딥블루(deep blue), 다크브라운(dark brown), 어두운 초록(dark green), 쥐색(gray) 눈동자에 어울리는 컬러는 눈동자 색과 매치되는 컬러이며, 크림색의 하이라이트, 레드 또는 딸기색 톤의 헤어컬러도 어울린다.

■ 차갑고 밝은 색의 눈동자

하늘색(sky), 라벤더(lavender), 블루그린(blue green)과 같은 창백한 블루 톤 눈동자에 어울리는컬러는 밝은색 계열이며, 특히 오렌지색, 바닐라, 딸기색 톤의 컬러와 크림색 하이라이트도 어울린다.

:: 퍼스널 트리콜로지

영양이 풍부하고 양지바른 토양에서 식물이 잘 자라듯이 건강한 두피에서 건강한 모발이 자란다. 두피는 다른 피부와 다르게 무성한 모발이 있어 피부의 건강을 지켜주며 개성을 표현하는 중요한 신체 기관이다. 그런데 노화된 각질과 분비된 피지, 땀 등의 성분이 모공을 막으면 피부 호흡이 어려워 두피의 생리기능이 저해되고, 혈액 순환이 원활하지 못하면 모근에 충분한 영양이 공급되지 않아 모발 성장이 약화되고 탈모와 비듬이 생기는 원인이 된다. 그래서 모발의 기초 손질로서 두피 관리가 반드시 필요하다. 특히 건조하고 거친 손상모인 경우 두피 세정과 마사지로 두피를 자극하여 혈액순환을 도우면 모근에 충분한 영양을 공급하여 모발이 건강해지는데, 두피 상태는 사람마다 다르므로 두피 상태에 따른 관리가 필요하다. 이러한 두피모발관리는 두피모발의 청결과 건강을 위하여 샴푸나 두피 스켈링 및 트리트먼트와 두피 관련 기기를 이용하여 두피문제를 개선, 관리한다. 그래서 모발의 생성과 두피 건강을 저해하는 이물질을 제거하고 두피와 모발에 필요한 영양을 공급하여 두피 건강뿐 아니라 모발 성장을 원활하게 해주는 관리이다.

① 두피 유형별 특징과 관리방법

▪ 정상 두피

정상 두피는 푸른빛이 도는 우윳빛을 띠며 맑고 투명하다. 정상적인 각화작용으로 인하여 두피가 가렵지 않고 모발에 윤기가 있는 이상적인 두피이다. 또한 피지선에서 분비된 피지와 땀이 적당히 섞여 약산성의 피지막을 만들어서 수분의 건조를 막아 촉촉하며 윤기가 난다. 노화 각질이나 불순물이 없어 모공 주변이 깨끗하고 모공 입구가 열려 있어 쉽게 영양분이 흡수된다. 한 개의 모공에 2~3개의 모발이 자라고 있으며, 모발의 굵기가 균일하게 굵고 투명한 반사 빛을 내어 매끄럽고 윤기가 난다. 관리방법은 현재의 건강한 두피 상태 유지를 위하여 각질 제거와 영양 공급 제품으로 관리한다.

▪ 건성 두피

건성 두피는 전체적으로 탁해 보이며 유분과 수분의 공급이 원활하지 않은 상태이며, 피지가 소량 분비되어 두피 표면이 건조한 상태이다. 건성 두피는 외인성 원인과 내인성 원인으로 구분할 수 있다. 잘못된 샴푸, 과도한 드라이, 퍼머넌트 웨이브, 염색과 탈색, 난방에 의한 건조한 공기 등의 자극이 원인이 되는 외인성 원인과 스트레스, 호르몬 이상, 유전적 요인, 비타민 결핍, 신진대사 이상에 의한 내인성 요인이 있다. 건조한 두피는 혈관의 기능 부전이나 장애로 인해 피지선과 한선의 기능이 떨어지며 피부의 산성막이 손상되어 극도로 당기며 가려움증, 염증, 피부 박리 등의 두피 손상을 일으킨다. 모발은 매우 건조하여 거친 느낌이며, 정전기가 잘 일어나고, 노화 각질의 모발 흡착으로 탄력이 저하되어 윤기가 없다. 관리방법은 막힌 모공의 세척과 혈액순환에 초점을 맞춰 깨끗한 두피에 영양을 공급한다.

또한 두피마사지를 자주 하며, 자외선으로부터 두피와 모발을 보호하고, 염색이나 퍼머 시술 전에 두피 보호 제품을 사용하며, 알칼리성 성분과 알코올이 다량 함유된 제품사용을 피한다.

■ 지성 두피

지성 두피는 샴푸 후 3시간 정도 지나면 모공 주위에 과다한 피지와 노화 각질의 누적으로 투명감 없이 탁해 보인다. 또한 모공이 막히고 모낭 안에는 박테리아가 증식하며 두피의 이물질과 피지 산화물로 인하여 냄새가 나고 탈모가 진행될 수 있다. 모발은 피지 분비물로 인하여 하루만 감지 않아도 냄새가 나고 끈적거리며 두피에 뾰루지가 나기도 하고 가렵다. 지성 두피는 청결한 관리가 무엇보다 필요하다. 관리방법은 막혀 있는 모공으로 인하여 모발이 가늘어지고 탈모가 진행될 수 있으므로 피지 응고물을 제거하고 피지 분비를 조절한다. 그래서 두피 자체의 신진대사를 원활히 하여 세균에 대한 저항력을 키운다. 또한 마사지에 의해서도 피지선의 활동이 증가할 수 있으므로 가능한 두피를 자극하지 않도록 한다. 그리고 스트레스와 인스턴트 음식을 피하여 피지 분비를 줄이고, 세정, 유분과 수분 조절이 가능한 샴푸와 트리트먼트를 사용한다.

■ 민감성 두피

민감성 두피는 혈액순환 저하에 의해 모세혈관이 확장되어 외부의 약한 자극에도 예민하게 반응한다. 두피의 표면에 모세혈관이 비치거나 붉은 반점이 있고 가려운 현상도 생기며, 모발이 가늘어지고 탄력과 윤기가 없어진다. 민감성 두피는 두피의 자극을 최소화하여 관리하는 것이 중요하다. 세균 방어 능력이 낮아 작은 자극에도 염증이나 홍반이 나타나므로, 무리한 자극이나 마찰을 피하고 두피를 진정시켜야 한다. 즉 관리방법은 두피가 예민하므로 최대한 자극을 줄이고, 두피 청결, 세균 번식 억제와 예방에 주력하고 염증이나 기타 질환을 치료한 후 관리한다. 또한 자극적인 음식이나 잘못된 생활 습관을 피하고 적당한 운동을 하며 신진대사가 원활하도록 한다.

■ 비듬성 두피

비듬은 피지의 과다 분비, 호르몬의 불균형, 비듬균의 이상 증식 등으로 발생되는데, 근본적인 원인은 체내의 문제이기 때문에 자극적인 음식과 고지방, 당분, 술 등의 섭취는 줄이고 채소, 해조류 등을 많이 섭취하는 것이 좋다, 또한 숙면을 취하고 스트레스를 받지 않아야 하며 정신적인 안정이 필요하다. 비듬을 건성 비듬과 지성 비듬으로 분류하는데, 건성 비듬은 염증 없이 마른 형태의 비듬으로 심한 가려움증이 있고 전체적으로 비듬이 들뜬 상태로 백색 톤이다. 지성 비듬은 염증이 동반되고 유분기가 많은 형태이며 땀이나 이물질들이 모근 주위에 잘 붙는다. 형태는 넓은 판 모양으로 각질이 엉켜 누렇고 끈적이며 불투명한 두피 톤을 갖고 있다. 이러한 비듬은 두피의 이상 증후이므로 빠른 관리가 필요하며 다른 두피 문제가 발생하지 않도록 주의하여야 한다. 관리방법은 균을 억제하는 특수 관리와 적절한 제품 사용으로 두피의 정상 기능을 회복해야 한다. 식물 성분의 기능성 샴푸로 저녁에 깨끗이 샴푸하고, 두피 기능을 정상화 시키는 제품을 사용하며, 린스 대신 레몬즙을 짜낸 물에 헹굼을 해주어도 좋다. 모발을 청결하게 유지하고, 스트레스를 줄이며, 아연(Zn)이 함유된 비타민과 생선류의 섭취도 좋은 방법이다.

■ 염증성 두피

염증성 두피는 과도한 스트레스와 피로로 인하여 호르몬의 불균형, 두피 긴장, 혈액의 흐름 장애로 인해 발생하고, 피지선의 과잉 발달, 청결하지 못한 두피, 무의식적으로 두피를 긁는 버릇으로 인해 발생하기도 한다. 두피에 염증이 생기면 표피세포의 분열과 증식 속도가 빨라져 각질이 비정상적으로 늘어나며 홍반이 생긴다. 염증이 심한 경우에는 두피가 따끔거리거나 통증을 느끼며 모발을 가볍게 잡아당겨도 통증이 느껴진다. 염증이 지속되면 건강하던 두피도 예민하게 변해서 치료기간이 길어지고 재발도 잘하게 되므로 두피가 약하고 예민한 경우는 주의가 필요하다.

■ 탈모성 두피

탈모성 두피는 두피의 색이 누렇거나 붉은 기미를 보이며, 두피 혈액순환이 원활하지 않거나 두피에 이물질이 쌓이면서 진행된다. 이미 탈모가 진행된 두피도 모발이 한번에 빠지지 않고 서서히 가늘어지면서 두피와 모발에 유분기가 많아지고 비듬이 늘어나며 모발이 탄력을 잃어가게 된다. 또한 모공에 모발의 수가 1개 정도이거나 모발이 없는 모공도 많다. 현재 탈모 치료는 피부과, 성형외과, 한의원 등에서 실시하고 있으며 국소 도포용 외용제와 경구 복용제 처방, 레이저 치료, 모발이식, 침요법 등이 사용되고 있다.

② 모발 유형별 특징과 관리방법

■ 정상 모발

피지 분비량이 적당한 정상 모발은 이상적 모발 타입으로 모발에 윤기가 흐른다. 이러한 모발의 관리는 현재 상태를 계속 유지 시켜 주는 것이 중요하다.

■ 지성 모발

지성 모발은 모낭의 피지선에서 정상보다 많은 양의 피지를 분비하는 모발이다. 이러한 모발은 칙칙하게 보일 수 있으며 오염물질이 잘 붙는다.

■ 건성 모발

건성 모발은 선천적인 요인과 후천적인 요인이 있는데, 선천적인 요인으로는 모발의 발생 과정에서 모발의 천연 보습인자(natural moisturizing factor: NMF)인 아미노산의 혼합물이 부족한 상태에서 성장한 것이다. 따라서 모발에 수분을 저장시키는 힘이 없고, 피지 분비가 부족하여 피지막 형성이 어려워 모발의 수분이 증발하는 것을 막지 못하기 때문이다.

■ 손상 모발

모발의 손상 요인을 크게 4가지로 구분하면, 생리적 요인인 영양소 결핍, 스트레스, 호르몬 불균형 등, 물리적 요인인 마찰, 커트 및 헤어 도구, 잦은 열기구 등, 화학적 요인인 퍼머넌트 웨이브, 염색, 탈색 등, 환경적 요인인 자외선 노출, 실내 수영장 물이나 바닷물, 대기오염이나 건조한 기후에 의한 손상으로 나눌 수 있다.

■ 관리 방법

모발 관리를 위하여 모발과 두피를 청결하게 유지하는 것이 중요하며, 샴푸시 손끝 지문을 이용해서 두피를 마사지한다. 건조시킬 경우에는 모발보다 두피를 먼저 말리고, 잦은 화학처리를 이용한 스타일링을 삼간다. 또한 모발에는 자기 회복력이 없으므로 정상모는 손상되지 않도록 주의하고, 손상모는 더이상 진행되지 않도록 외부로부터 보호하는 것이 중요하다. 수분과 유분을 함유한 트리트먼트제를 사용하게 되면, 수분이 모피질에 혼합되어 모발을 윤기 나게 하고 유연성을 주며, 유분이 모표피에 유막을 만들어 광택을 주면서 마찰을 감소시키고 모표피의 손상을 막아준다.

6

스킨케어

Skin Care

피부의 구조와 기능 | 피부유형진단 | 피부유형과 스킨케어 | 피부와 화장품

스킨케어(Skin care)는 건강한 피부 만들기를 위해 피부에 대한 기본지식을 이해하고 피부를 건강하게 관리하는 뷰티케어의 한 부분이다. 우리의 피부는 육안으로 보이는 피부의 색, 매끄러움이나 거칠기, 탄력정도 등을 통해 쉽게 진단하기 어렵다. 개인의 피부유형은 피지와 수분함량에 따라 중성, 건성, 지성, 복합성으로 구분되며 피부유형의 발생요인 역시 매우 다양하기 때문이다. 이에 피부 내부의 구조와 기능에 대한 기초적 지식을 바탕으로 피부유형에 따른 올바른 스킨케어 방법을 통해 피부를 건강하게 관리하는 자세가 필요하다.

∷ 피부의 구조와 기능

피부는 인체보호와 생명유지를 위한 하나의 기관이며 다양한 생리적 기능을 수행한다. 피부의 중량은 남성의 피부는 약 $1.8m^2$, 여성은 약 $1.6m^2$이며 체중의 약 16% 가량이다. 두께는 신체부위에 따라 얇은 피부와 두꺼운 피부로 나뉘며 가장 얇은 피부는 눈꺼풀과 고막으로 $0.2mm \sim 0.6mm$, 얼굴피부와 신체의 앞부분과 굽혀지는 부분은 대표적인 얇은 피부이다. 피부가 얇은 부분은 특히 잔주름이 생기기 쉬운 부위이며 이에 반해 두꺼운 피부는 하복부, 둔부, 대퇴부이며 전체적으로 신체의 뒷부분과 펴지는 부분이다. 신체 중 가장 두꺼운 피부는 손바닥과 발바닥으로 $2mm \sim 6mm$이고 특히 발뒤꿈치는 가장 두껍다.

① 피부의 구조

피부 표면은 육안으로 평평해 보이나 빽빽한 그물 모양 구조로 소릉이라 하는 오목한 소구가 있으며 소릉에는 땀을 분비하는 한공이 있다. 소구는 작을수록 피부결이 곱고 젊고 여성일수록 특히 피부가 곱다. 피부의 구조를 단면으로 보면, 표피(epidermis), 진피(dermis), 피하지방층(subcutaneous layer)의 3층 구조로 한선, 피지선, 손·발톱, 모발 등의 부속기관으로 구성되어 있다.

■ 표피| epidermis

표피는 피부의 가장 표면에 있는 층으로 두께는 평균 $0.1mm \sim 0.3mm$ 이며 편평상피

세포가 중첩된 얇은 조직이다. 표피는 외부의 유해성분, 자외선, 세균으로부터 침입을 방어하고 피부를 보호해 주고 각질형성세포(keratinocyte), 멜라닌세포(melanocyte), 랑게르한스세포(langerhans cell), 머켈세포(merkel cell)로 구성되어 있으며, 상층부터 각질층(stratum corneum, horny layer), 투명층(stratum lucidum, clear layer), 과립층(stratum granulosum, granular layer), 유극층(가시층)(stratum spinosum, priekle cell layer), 기저층(stratum basale, basal cell layer)으로 구성되어 있다.

- 각질층(Stratum corneum, Horny layer)

  각질층은 피부의 가장 표면에 있는 층으로 각질형성세포(keratinocyte)가 분열하여 각질(keratin)로 변한 무핵세포층이다. 15~20층의 얇은 비늘모양이며 평평한 죽은 세포들이 서로 엇갈려 쌓여있는 모양이다. 세포와 세포사이는 지질로 구성된 접착물질에 의해 연결되었으로 이를 각질세포 간 지질이라 한다. 또한 각질세포 간 지질은 세포와 세포의 결합력을 결정하며 각질층 내부의 수분이 증발하지 않도록 하고, 외부환경으로부터 피부를 보호하는 최초의 방어막이 된다. 이러한 각질층의 표면층에서는 박리현상이 일어나는데, 이는 지질의 접착력이 떨어져 비늘모양 각질사이에 간격이 생겨 얇은 조각으로 비듬처럼 떨어져 나가는 현상이다. 이때 떨어져 나가는 각질을 연각질이라 하고, 손톱, 발톱, 털의 피질 등에서는 경각질이 관찰된다. 그리고 표면에서 떨어져 나간 각질은 기저층에서 각질형성세포가 분열하여 상부로 밀려 올라온 세포에 의해 보충된다.

  각질층의 수분 함량은 천연보습인자가 결정하며, 10~20%의 수분을 함유하고 있다. 수분의 함량이 10% 이하 이면 피부가 건조하고 각질이 일어나며 잔주름이 생기며 각질층은 케라틴(keratin) 약 58%, 천연보습인자(natural mosturizing factor) 약 31%, 각질세포 간지질(lipid) 약 11%로 구성된다.

- 투명층(Stratum lucidum, Clear layer)

  투명층은 각질층 아래층으로 2~3층의 밝고 투명한 피부층이다. 생명력이 없는 무색, 무핵 세포층으로 모든 피부에 존재하지만 식별이 쉽지 않고 손바닥과 발바닥에 잘 발달되어 뚜렷하게 관찰된다. 이러한 투명층은 빛을 굴절시키고 차단하며 외부로부터의 수분침투를 방어하는 엘라이딘이라는 반유동성 물질이 함유되어 있어 목욕탕에서의 현상을 경험할 수 있다. 목욕탕에서 손바닥과 발바닥이 쭈글쭈글해지는 현상을 볼 수 있는데, 이는 각질층은 수분을 흡수하여 팽창하고 투명층은 수분을 흡수하지 않아 팽창하지 않으므로 각질층과 투명층의 면적차이에서 오는 현상이다. 또한 투명층이 발달한 부위는 피부 이식이 불가능하다.

- 과립층(Stratum granulosum, Granular layer)

과립층은 과립세포로 구성된 평평형 또는 방추형의 세포로 2~5층으로 구성되어 있으며, 각질이 두꺼운 손바닥이나 발바닥에서는 10층에 이른다. 표피세포가 퇴화되어 각질화 되는 첫 단계로 유핵세포와 무핵세포가 공존하며 세포질 내부에는 케라토하이알린(keratohyaline) 과립과 층판소체의 과립형의 새로운 소기관들이 나타나 과립층으로 불린다.

과립은 유극층에서 과립층으로 이동한 세포의 수분을 줄여서 세포의 핵을 죽이고 세포의 모양을 납작하게 만들며 과립층에는 수분저지막이 존재한다. 수분으로부터 피부조직이 약화되거나 유해물질이 침투하는 작용을 막는데, 이러한 과정은 외부의 강한 자극으로부터 피부를 보호한다. 때문에 과립층은 피부에서 가장 중요한 보호작용의 기능을 담당하는 피부층이며 과립층의 손상은 여러 가지 피부질환을 유발할 수 있다.

- 유극층(Stratum spinosum, Priekle cell layer)

유극층은 표피의 대부분을 차지하는 가장 두꺼운 층으로 불규칙한 원추상, 방추형의 다각형인 유핵극상세포가 5~10층으로 이루어져 있으며, 세포에서 가시모양의 극돌기가 서로 연결되어 있어 '극이 있는 층'이라는 의미로 유극층 또는 가시층이라고 부르기도 한다. 유극층은 살아있는 세포로 구성되어 있으며 세포들의 극돌기는 이웃세포의 돌기들과 연결되어 세포사이의 다리를 형성하고 이를 세포간교라 한다. 이로 인하여 유극층은 매우 강한 응집력을 가지며, 세포간교 사이에는 림프관이 순환하여 물질교환이 이루어짐으로 미용관리에 중요한 역할을 한다. 또한 유극층에는 면역기능을 담당하는 랑게르한스세포가 존재한다.

- 기저층(Stratum basale, Basal cell layer)

기저층은 표피의 가장 아래층에 존재하며 원추상 또는 입방형의 유핵 세포가 단층으로 밀접하게 정렬되어 있으며, 진피의 유두층과 접하고 있는 부분의 형태는 구불구불한 물결모양이다. 이때 구불구불한 물결모양이 깊을수록 젊은 피부이고, 물결모양이 편평해 질수록 노화피부이다.

기저층은 진피의 모세혈관으로부터 영양과 산소를 공급받아 원활한 세포분열을 하고 최상층부인 각질층까지 수직 이동하여 각화된다. 기저층에는 각질형성세포와 멜라닌형성세포가 10:1 비율로 존재하고 밤 10시에서 새벽 2시 사이에 각질형성세포는 피부재생을 위한 활발한 세포분열을 하고, 멜라닌형성세포는 피부색을 결정하는 멜라닌색소를 만들어 낸다.

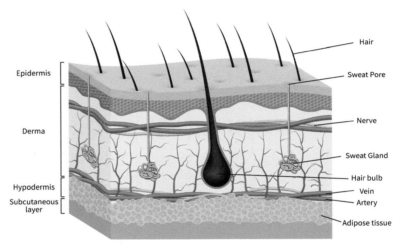

2 피부의 기능

피부는 혈액과 림프액이 골고루 순화하여 영양과 산소를 공급한다. 피부는 보호, 비타민 D합성, 분비·배설의 기능, 지각·감각작용 기능이 있다.

■ 보호의 기능

피부에 과도한 마찰이 생기면 피부는 보호의 기능으로 굳은살이 생긴다. 또한 질병유발의 이물질, 상처, 박테리아로부터 피부를 보호하고 pH 밸런스를 조절하여 세균번식에 의한 피부병을 예방한다. 피부는 알칼리성이 될 경우 저항력이 약해지기에 세균에 의한 피부병에 노출되기 쉽다. 때문에 pH 5.5~6.5의 약산성 상태를 유지하는 것이 좋다.

■ 비타민 D합성의 기능

비타민은 체내에서 거의 만들어지지 않는다. 때문에 음식물을 통해 체내로 섭취되어야 하는데, 비타민 D합성의 기능으로 피부는 햇빛을 받아 자연적으로 생성된다.

■ 분비·배설의 기능

한선으로부터 노폐물과 땀을 배출시켜 인체 내 독소를 방출하는 면역기관의 기능을 수행한다. 배출된 땀의 수분에는 소금을 비롯해 N_2, Cl, K, 젖산이 소량 함유되어 세균 증식을 억제하는데 도움을 준다.

■ 지각·감각의 기능

피부는 감각신경의 냉, 온, 촉, 통, 압박의 말단부위를 통해 더위, 추위, 감촉, 압력, 고통 등에 반응을 느낄 수 있다. 말단부의 지나친 자극은 통증을 느끼게 하며 감각신경의 말단부는 감촉과 압력에 반응한다.

:: 피부유형진단

피부관리 전 피부를 분석해 적절한 화장품과 관리법을 선택하는 것이 매우 중요하다. 피부를 분석을 위해서는 문진법, 견진법, 촉진법이 있으며 피부분석 기계를 이용해 더 정밀한 피부분석을 할 수 있다. 보통 문진법, 견진법, 촉진법 세 가지를 활용해 피부분석을 하는데 이때 피부 유형, 표피 수분도, 진피 수분도, 피부 탄력도, 혈액순환의 정도, 근육톤, 피부 두께, 피부 민감도, 주름, 자외선 민감도 등을 분석해 피부의 상태를 파악해야 한다. 피부는 지문과 같이 각 개인이 다른 사람과 다른 특유의 상태를 가지고 있지만 그 유형을 일반적으로 분류하자면, 피부의 유분량과 수분량, 즉 피지선과 한선의 기능에 따라 중성피부, 건성피부, 지성피부, 복합성 피부의 4가지 유형으로 크게 분류한다. 이러한 피부유형은 가변적으로, 다음의 요인에 따라 항상 변화할 수 있다.

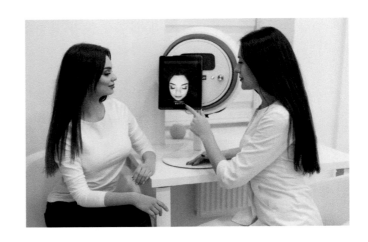

■ 정상 피부

가장 이상적인 피부 유형으로 피부조직, 피부의 생리적 기능이 모두 정상적으로 이뤄지는 피부상태를 말한다. 피지량이 적절하며 표피 수분도도 적당하여 당김이 없고 피부가 번들거리지 않고 건강해 보이며 피부 결이 섬세하고 모공의 크기가 작으며 혈액순환이 원활하다는 특징을 가진다. 대체적으로 피부질환이 거의 없으며 화장을 했을 때 지속력이 강하며 화장이 잘 받는다.

- 피지 분비기능의 정상, 즉 피부 유분함량이 정상적이며 피부표면이 윤기있고 매끄럽다.
- 한선 분비기능의 정상, 즉 피부 수분보유량이 정상적으로 피부가 촉촉하다.
- 세안 후 당기거나 번들거리지 않는다.
- 화장이 잘 지워지지 않고 오랫동안 지속된다.
- 소구가 얕고 종횡으로 정밀하게 갖추어져 있어 피부결이 섬세하다.
- 모공이 작고 눈에 띄지 않는다.
- 탄력성이 좋다.
- 혈액순환이 양호하여 혈색이 좋다.
- 피부저항력이 좋다.
- 색소침착, 여드름류가 없다.
- 20세 이후에는 피부가 건조되며 노화증상이 다른 피부유형에 비해 빨리 시작된다.

■ 건성 피부

건성피부는 각질층의 수분함량이 10% 이하의 부족한 상태로써 약간의 홍반, 균열, 인설로 거친 피부상태를 이룬다. 특히 건성피부는 수분과 피지분비기능의 저하로 표피건성피부와 내적인 요인, 즉 섬유아세포 기능의 이상으로 콜라겐이 원활히 생성되지 못하고 교원섬유의 손상으로 노화를 초래하는 진피건성피부가 된다. 또한 주름과 색소침착이 두드러지게 나타나는 피부유형이다.

건성피부의 주된 원인은 나이와 계절, 내적요인 보다는 외부 환경적 요인에 있다. 수분부족보다 유분부족의 건성피부는 악 건성과 노화의 원인이다. 건성피부는 크게 일반 건성피부와 표피 수분부족 건성피부로 구분이 된다. 일반건성 피부의 경우, 피지선에서 분비되는 피지는 피부 표면에서 피지막을 형성하여 피부 표면으로부터의 수분증발을 억제시켜주는 역할을 하는데, 24~25세 이후 노화가 진행되면 피지선 기능이 둔화되어 피지가 적게 분비되면서 자연히 피지막 형성이 충분히 형성되지 못하게 된다. 피부 내부의 수분함량도 노화의 진행으로 인해 감소된 상태에서 미비한 피지막이 수분증발도 막아주지 못하므로 자연히 피부는 점점 건조화 현상이 일어난다. 반면에 표피 수분부족의 건성피부의 경우, 표피 수분부족 건성피부는 일반 건성피부와 유사하게 표피가 건성화 된다. 그러나 일반 건성피부처럼 그 요인이 피지분비 부족과 보습능력 저하라는 근본적인 내적 요인에 기인하지 않고 자외선, 찬바람, 일광욕, 냉난방 등의 환경과 부적절한 피부 관리습관과 화장품 사용 등의 외적인 요인에 기인한다.

- 각질층의 수분이 10% 이하로 부조하다.
- 피부표면이 항상 건조하며 윤기가 없다.
- 세안 후 손질을 하지 않으면 피부가 심하게 당긴다.
- 파운데이션이 잘 받지 않고 발라도 들떠버린다.
- 피부결 형태를 보면 소구는 극히 얇고 대부분이 한 쪽으로 흐르고 있으며 소릉의 높이는 거의 없고 선명치 않다.
- 피부가 얇고 외관으로 피부결이 섬세해 보인다.
- 모공이 작다.

- 표정에 따라 잔주름이 쉽게 생기며 피부의 노화현상이 급격히 나타나 늘어짐과 주름살이 일찍 생긴다.
- 피부저항력이 약하여 조그만 자극이나 상처에도 쉽게 아물지 않는다.
- 여드름이 거의 없다.
- 크림을 사용했을 때 곧바로 스며들어 버린다.
- 피부조직이 별로 얇게 보이지 않는다.
- 표정원인성 주름이 쉽게 나타나지 않는다.
- 피부조직에 표피성 잔주름이 형성된다.
- 피지분비가 많은 지성피부에도 피부관리를 소홀히 하거나 관리를 잘못 했을 경우 유발된다.
- 연령에 관계없이 발생한다.

■ 지성피부

지성피부는 정상피부와 비교할 때 피지선과 한선의 기능이 항진되어 피지분비량이 많은 피부유형이다. 피부표면이 거칠고 모공이 넓으며 끈적임이 있고 유분이 많다. 또한 T존 부위는 모공이 크며 개방면포(blackcomedo)가 관찰되기도 한다. 지성피부는 피지가 모낭 밖으로 배출되지 못하고 모낭 속에 축적되어 모공 내 각질이 과각화 되고 모공 내 각질이 비후되어 혐기성세균번식과 염증 등 여드름과 같은 피부 문제를 일으킨다. 일반적으로 지성피부는 내분비계의 영향으로 피지의 과잉 분비와 스트레스로 인한 남성호르몬 증가가 원인이다. 하지만 외부 자극에 대한 저항력이 비교적 강하여 햇빛이나 바람에 보호력이 있어 다른 피부유형에 비하여 노화 속도는 느리다는 장점이 있으나 모공이 크고 트러블이 자주 발생하여 미용상의 불편함 또한 호소하는 피부상태다. 피지분비량은 사춘기가 지나 나이가 들면서 피지선 기능의 퇴화로 인해 그 양이 감소하여 사춘기와 20대에 지성피부였던 피부가 중성피부로 변하게 된다. 즉 젊은 시절의 지성피부는 나이가 들어도 중성피부에 비하여 건조화되는 시기가 늦어지며 따라서 피부노화 및 주름살 형성의 시기도 늦어지는 편이다. 한편 지성피부는 외부로부터 오염되기 쉬우며 증가된 피지가 박테리아에 의해 변질될 경우 모낭벽에서 떨어져 나간 각질세포들과 섞여 모공통로를 막아 여드름이 발생될 소지가 많다. 이때 피지막은 정상적인 약산성 상태의 pH가 알칼리화되어 외부세균에 대한 보호막 기능이 상실된다.

- 피부결의 형태는 소구가 비교적 깊고 소릉의 형태가 크고 불규칙하다.
- 피부의 번질거림이 심하다.
- 머리에도 기름기가 흐르며 비듬이 많아지고 귀에도 귀지가 많이 생긴다.
- 피부가 거칠고 모공이 넓으며 피부 표면이 귤껍질같이 보이기 쉽다.
- 각질층이 비후하여 피부가 두껍게 보인다.
- 피부가 투명해 보이지 않고 둔탁해 보인다.
- 화장이 잘 받지 않으며 잘 지워진다.
- 외부의 자극에 대한 저항력이 건성피부에 비해 비교적 강하며 쉽게 예민해지지 않는다.
- 여성에 비해 남성에게 많다.
- 햇빛에 의한 색소침착현상이 빠르다.
- 면포 등 여드름 발진현상을 일으킬 수 있다.

■ 복합성 피부

복합성 피부는 피지분비량의 불균형으로 2가지 이상의 피부유형이 함께 존재하는데 T존과 U존은 피지선, 한선의 기능감소와 증가에 따라 지성피부와 건성 피부상태를 나타낸다. 또한 볼 부위와 눈 주위 근육의 피지분비와 수분함량에 따라서 건성피부, 민감성피부 상태가 되기도 한다. 특히 정상피부라 하더라도 나이가 들어가거나 잘못된 피부관리 그리고 여러가지 외부환경에 의하여 복합성 피부유형이 된다. 복합성 피부는 부위별로 철저한 관리를 해주어야 문제성 피부가 되는 것을 방지할 수 있는 까다로운 피부로, 관리를 소홀히 하면 T-zone 부위는 여드름이 발생하기 쉽고 눈 주위, 뺨 부위는 모세혈관확장증 또는 파열증까지 초래하는 극단적 문제성 피부로 발전할 수 있다.

- T-zone을 제외한 부위, 즉 눈 주위, 광대뼈, 볼 주위에 세안 후 심하게 당기는 느낌을 받는다.
- T-zone 부위의 모공이 특히 크며 기름기가 많고 면포 등 여드름이 발생하기 쉽다.

- 광대뼈, 볼 부위에 색소침착이 나타나는 경우가 많다.
- 피부조직이 전체적으로 일정하지 않다.
- 눈가에 잔주름이 쉽게 생긴다.

:: 피부유형과 스킨케어

세안은 피부관리의 기초가 되며 효과성을 좌우하는 첫 단계이자 마지막 단계이므로 건강한 피부를 유지하기 위해서는 자신의 피부유형을 정확하게 파악하고 그에 따른 효율적인 피부관리를 계획하여 자신의 피부유형에 맞는 다양한 스킨케어 방법을 익히고 실천할 수 있어야 한다.

피부의 사전적 의미를 살펴보면 피부 또는 살갗은, 체내근육들과 기관을 보호하는 다수의 상피(epithelial)조직으로, 외피 체계(integumentary system) 중 가장 큰 조직이다. 스킨케어는 인체를 보호하는 외피체계 조직인 피부를 유지하고 개선하는 것으로 일상생활에서 굉장히 중요한 행위라고 할 수 있다. 스킨케어의 경우, 정상적인 피부를 대상으로 건강하고 아름답게 피부를 가꾸는 것을 일컫는데 피부유형에 따라 적절한 피부관리를 해주어야 한다.

■ 정상피부의 관리
- 매일 아침, 저녁 규칙적이고 올바른 기초손질을 계속하여 피부의 유분과 수분의 균형을 유지시킨다.
- 계절과 연령의 변화에 따라 화장품을 변화있게 선택하여 알맞은 피부손질을 한다.
- 피부청결을 위해 스크럽제품, 효소제품, 등을 이용한 딥클렌징을 올바른 사용방법에 의해 정기적으로 행한다.
- 노화방지를 위해 지나치게 유분이 많지 않으면서 수분이 많이 함유된 영양크림이나 영양로션으로 정기적으로 마사지하고 보습팩이나 영양팩을 주 1회 정기적으로 행하여 활성화 시킨다.
- 제품의 선택과 횟수는 계절에 따라서 조절한다.
- 특히 비타민 A. E와 천연보습인자(NMF)가 함유된 식품을 충분히 섭취하여 균

형있는 식생활을 한다.
- 식습관으로 비타민 A를 비롯하여 비타민류가 함유된 식품을 충분히 섭취하여 균형있는 식생활을 한다.
- 피부에 영향을 미치는 냉방, 난방, 찬바람, 강한 태양광선 등의 외적 환경과 스트레스 등의 내적 환경에 항상 주의한다.
- 비누 세안을 지나치게 자주 하지 않는다.

■ 건성피부의 관리

- 과도한 자외선, 일광욕, 사우나 등으로 피부의 수분이 증발되지 않도록 한다.
- 세안 시 비누세안을 피하고 피지막을 제거하지 않는 피부에 맞는 클렌징제품(로션, 오일, 액상타입)을 사용한다.
- 세안을 자주 하거나 뜨거운 물로 세안하는 것을 피하고 미지근한 물로 세안하며 세안 후 즉시 기초제품을 바른다.
- 알코올 함량이 많은 화장수는 피부를 탈지시키므로 알코올이 10% 이하로 함유된 유연작용이 우수한 화장수를 사용한다.
- 물을 충분히 마신다.
- 눈 주위, 목 주위 피부에도 보습효과가 있는 크림을 바르고 바디피부는 더욱 건조하기 쉬우므로 로션이나 오일을 바르는 것을 잊지 않는다.
- 비타민 A가 함유된 식품류(녹황색 야채, 간, 계란 노른자, 버터 등)를 충분히 섭취하며 비타민 A, NMF, 콜라겐, 히알루론산 등 보습물질이 함유된 영양농축액과 영양크림류를 바른다.
- 냉난방은 피부의 수분을 빼앗아가므로 실내의 습도를 적절히 유지하여 피부의 수분증발을 억제한다.
- 혈액순환과 피부의 신진대사를 활발하게 하기 위해 1주에 1∽2회 수분과 유분이 적절히 함유된 영양마사지와 팩을 실시한다.
- 일반적으로 아침에는 O/W타입의 보습영양크림을 저녁에는 W/O타입의 유분영양크림을 사용하며 여름, 겨울철 환절기에는 피부의 건조 상태에 적당하게 제품을 바꿔준다.

■ 지성피부의 관리

• 수면부족, 정신적 건강, 변비 등으로 피지분비가 촉진될 우려가 있으므로 일상 생활에 유의하며 규칙적인 생활습관을 갖는다.
• 지방과 당분이 다량 함유된 식품은 피지분비를 촉진시키므로 섭취를 억제한다.
• 기호식품의 과다섭취를 피한다.
• 비타민 A, 비타민 B군(B, B2, B6 등)이 함유된 식품은 피부의 저항력을 높여주고 여드름이나 부스럼을 예방하는 효과가 있다.
• 피부청결과 클렌징에 중점을 두는 피부손질을 하되 잦은 비누세안은 오히려 피부를 알칼리화하여 박테리아 번식을 가속화시키므로 산성막을 파괴하지 않는 약산성 세안제(거품타입)를 사용한다.
• 소염, 진정, 모공수축작용을 겸비한 화장수를 사용한다. 지나치게 알코올이 많이 함유된 화장수는 피부를 건조화, 예민하게 피한다.
• 스크럽타입 또는 효소필링작용을 하는 딥클렌징제를 정기적으로 사용해 각질을 제거하여 여드름 발생을 예방한다.
• 오일사용이나 유분일 많이 함유된 크림, 마스크류의 사용을 피한다.
• 특히 유성 지루성피부는 젤 또는 플루이드 타입의 무지방제품을 아침, 저녁으로 사용하고 건성 지루성피부는 보습효과가 뛰어난 O/W 타입의 에멀젼을 사용한다.
• 메이크업은 오일이 함유되지 않은 파운데이션이나 지성용 특수 파운데이션을 사용하거나 파우더만을 사용한다.

■ 복합성 피부의 관리

• 부위에 따라 차별적인 관리를 해야 한다.
• 세안과 딥클렌징(스크럽제품 또는 효소제품을 사용) 은 T-zone 위주로 주기적으로 철저히 행한다.
• T-zone 부위는 지성피부와 동일하게 무지방 제품을 사용하고 나머지 전조화된 부위는 건성피부와 동일하게 유, 수분이 많은 로션이나 크림을 사용한다.
• 예민화된 부위는 예민성 피부와 동일하게 관리를 한다.
• 팩, 마스크류도 부위별 피부상태에 맞추어 다르게 적용한다.

- 계절적·환경적으로 민감하게 반응하여 변화하므로 그 때마다 철저하게 대응한다.

:: 피부와 화장품

피부관리에 사용되는 화장품은 클렌징, 딥 클렌징, 팩, 화장수, 로션, 에센스, 크림, 립&아이 크림, 영양크림 등이 있다. 피부 유형에 따라, 피부 컨디션에 따라, 나이에 따라, 화장품 성분에 따라 사용해야 할 화장품이 다르며 적절한 화장품을 선택해 피부 관리를 할 수 있어야 한다.

① 화장품의 종류

■ 클렌징 cleansing

피부관리의 첫 단계인 클렌징(Cleansing)은 피부에 쌓인 각종 노폐물을 제거해 피부를 깨끗하게 해준다. 클렌징에 사용되는 화장품으로는 클렌징 폼(Cleansing Foam), 클렌징 크림(Cleansing Cream), 클렌징 로션(Cleansing lotion), 클렌징 워터(Cleansing Water), 클렌징 젤(Cleansing Gel) 등이 있다. 클렌징 제품은 피부 타입에 따라 선택해야 하며 피부 표면의 천연보호막을 손상시키지 않고 노폐물만 깨끗하게 제거할 수 있는 제품이 좋다. 지성피부의 경우, 스크럽제와 비누를 피하고 오일 프리 젤이나 포밍 클렌저를 사용하면 피부의 수분을 비키면서 과다한 피지와 먼지를 제거해 줄 수 있다. 건성피부는 세안 후 얼굴이 당기고 건조한 느낌을 방지하기 위해 필수 지방산이나 글리세린과 같은 연화제를 포함한 풍부한 크림 베이스 클렌저를 사용하며, 민감성 피부는 저자극성 화장품 알레르기 테스트가 된 무향의 가벼운 클렌징 로션을 사용하는 것이 좋다.

■ 딥 클렌징 deep cleansing

클렌징이 끝난 후 모공 속 남아있는 노폐물과 묵은 각질을 정리하기 위해 딥 클렌징(Deep Cleansing)이 필요하다. 딥 클렌징은 물리적 딥 클렌징과 화학적 딥 클렌징이 있다. 물리적 딥 클렌징의 종류로는 스크럽(Scrub), 고마쥐(Gommage), 프리마톨(Brush)가 대표적이며 화학적 딥 클렌징의 종류로는 아하(Alpha Hydroxy

Acid), 효소(Enzyme), 스티머(Steamer), 디썬(Desincrustation) 등이 있다. 피부가 노화될수록 자연적으로 각질이 탈락되고 재생하는 능력이 현저히 저하된다. 이때 주기적으로 딥 클렌징을 하여 물리적·화학적으로 각질을 탈락시켜 매끈하고 부드러운 피부를 유지한다.

■ 팩 pack과 마스크 mask

영어의 'Package'에서 유래되어 '감싼다'는 의미가 있다. 팩의 종류는 성분에 따라 매우 다양한데 팩을 제거하는 방법에 따라, 피부 유형에 따라 분류된다. 보통 팩(pack)과 마스크(mask)란 용어를 구분 없이 사용하는데 팩과 마스크의 차이를 보면 팩은 형태와 사용감이 부드러우나 마스크는 피부에 발랐을 때 제형이 점차 딱딱해져 외부와의 공기를 차단한다. 예를 들면 수분 팩, 알로에 팩, 머드 팩 등은 주로 크림 형태로 얼굴에 부드럽게 펴 바른 뒤 씻어 내거나 닦아 내는 반면 모델링 마스크, 석고 마스크 등은 얼굴에 도포 한 뒤 딱딱하게 굳은 뒤 떼어낸다. 팩과 마스크는 피부에 청정 작용, 각질 제거, 경피 흡수 작용을 하며 들어간 성분과 효능에 따라 다양한 기능성 효과를 가진다.

■ 화장수 toilet water

세안 후 또는 클렌징, 딥 클렌징 후 피부에 즉각적인 수분 공급을 위해 사용한다. 피부에 보습 효과를 주며 유연 화장수와 수렴 화장수로 나뉜다. 유연 화장수는 피부를 약산성으로 회복시키고 매끄럽고 부드럽게 하여 유액이나 크림이 잘 흡수되도록 돕는다. 수렴 화장수는 유연 화장수의 역할과 동시에 피지 과잉 분비를 억제하고 모공을 수렴하는 효과가 있다.

■ 로션 lotion

스킨과 크림의 중간 단계의 성격을 띠며 본래는 에탄올 ·글리세롤 ·글리콜 ·붕산 ·시트르산 ·식물 점액 ·정제수 등을 주원료로 하며 피부에 윤기를 주고 피부 표면의 pH를 조절하거나 수렴의 효과를 준다. 지성피부의 경우, 피부를 푸석하게 만드는 여드름 치료제를 쓰지 않는다면 살리실산이나 과산화 벤조일이 들어있는 모이스처라이저를 전체적으로 발라준다. 건성피부는 시어, 코코아 버터, 아보카도 오일

성분이 들어간 로션을 추천하며 울트라 하이드레이팅 성분이 있는 제품을 사용한다. 복합성 피부는 가벼운 스킨 밸런싱 로션이나 하이드레이팅 로션을 사용하며, 민감한 피부의 경우 알로에 베라, 캐모마일, 비타민 E와 같은 가벼운 제형의 로션을 사용할 것이 좋다.

■ 에센스 essence

고농축 제품을 에센스라고 하며 고농축 된 성분에 따라 보습, 노화, 재생, 트러블 등의 피부 고민을 집중적으로 관리하기 위해 사용한다. 영양성분이 풍부한 에센스를 피부에 흡수시켜 피부를 매끄럽고 부드럽게 가꾸어 준다. 에센스는 스킨 타입, 세럼 타입, 로션 타입, 크림 타입, 젤 타입 등 다양하며 성분의 고농축 정도에 따라 사용이 달라진다.

■ 크림 cream

거의 스킨케어의 마지막에 피부에 바르며 크림의 주목적은 피부를 외부환경으로 부터 보호하고 피부 속 수분이 빠져나가지 못하게 얇은 막을 형성하는 역할을 한다. 크림은 기능에 따라 데이 크림, 나이트 크림, 영양 크림, 립&아이 크림 등이 있다. 또 제형과 사용감에 따라, 피부타입에 따라, 피부 부위에 따라 다양한 크림으로 구분되어 사용된다.

② 자외선과 피부

태양광선은 인간을 비롯하여 모든 생물의 신진대사를 가능하게 하는 에너지의 원천으로 지구상의 생물을 존재케 하고 생명계를 유지하는데 꼭 필요한 것이다. 태양은 파장이 다른 전자파들을 방출하는데, 파장의 길이에 따라 생물학적으로 미치는 영향이 상이하다. 전자파의 파장은 나노미터(nanometer-10억 분의 1m)로 표시하여 nm라는 약자를 사용하며, 전자파의 에너지는 파장의 길이에 반비례한다. 즉 파장이 짧을수록 에너지가 강하여 생화학적 반응능력이 높다.

태양광선을 파장에 따라 분류하면 다음과 같다. 먼저, 가시광선(visible light)은 400~800nm의 중파장으로, 태양광성 중 약 39%를 차지하는 광선이다. 광생물학적 반응에 크게 관여하지 않으며 눈의 망막을 자극하는 광선이다. 눈으로 볼 수 있는 광선으로 비가 온 후 개인 날 7가지 무지개색으로 나타난다. 적외선(infrared light)은 800~220,000nm 의 파장으로, 태양광선 중 약 56%를 차지하고 있으며, 피부에 유해자극을 주지 않으면서 열을 발생하는 붉은 색의 열선이다. 침투력이 강하여 피부조직 깊숙이 영향을 미치며 혈액순환 촉진, 근육조직의 이완, 신진대사 촉진, 식균작용 등의 역할을 한다. 마지막으로 자외선(Ultraviolet light)은 400nm 이하의 단파장으로, 태양광선 중 방사량이 약 5%에 지나지만, 피부에 광생물학적 반응을 유발하는 중요한 광선이다. 또한 인간의 피부층에 직접적으로 영향을 미치며 자외선의 약 1%가 진픽가지 도달한다. 자외선은 프로비타민 D를 비타민 D로 전환시켜 구루병을 예방하고 면역력을 강화시키는 등 여드름 및 피부병 치료에 도움을 주나, 만성적 또는 장기적으로 자외선에 노출되는 경우 자외선의 광화학적·광생물학적·광면역학반응에 의해 홍반반응, 모세혈관 확장증, 색소침착, 광노화 현상, 일광화상, 광알레르기 또는 광독성 반응을 유발할 뿐만 아니라, 배내장, 면역 기능 저하·피부암 등의 치명적인 손상을 입히게 된다.

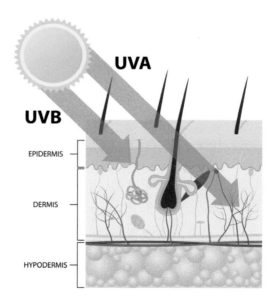

■ 자외선 차단제의 기능

자외선으로부터 피부를 보호할 수 있는 가장 좋은 방법은 피부를 자외선에 노출시키지 않는 것이다. 옷, 모자, 파라솔 등은 피부와 일광 사이에 어떤 장벽을 형성함으로서 피부를 어느 정도 보호한다. 얇은 옷은 자외선을 50% 차단하고 백색 남방은 자외선을 80% 차단한다. 그러나 얼굴은 특히 항상 노출되는 부위이며, 더운 계절, 자외선이 강할때에는 얼굴 뿐 아니라 더욱 많은 부위를 노출시키게 되므로 피부를 적절히 보호할 수 있는 방법으로는 메이크업을 하거나 자외선 차단성분을 함유한 크림, 로션류를 사용하지 않을 수 없다. 자외선 차단제의 기능은 피부 표면에 발랐을 때 자외선을 흡수하여 화학적으로 열에너지로 전환 시켜 피부 내에 침투하지 못하도록 방출시키는 물질이다. 자외선 흡수제라 하며 UVA 흡수물질과 UVB 흡수물질로 구분되어 각기 제품에 적용된다.

자외선 차단제품을 사용하였을 때에 피부를 보호할 수 있는 정도를 숫자화하여 표시한 것이다. SPF는 1950년 이후 처음으로 유럽에서 사용되기 시작한 이래 현재 FDA에 규정되어 있다. 자외선차단제품의 SPF를 공식으로 나타내면 다음과 같다.

$$SPF = \frac{\text{자외선 차단제품을 사용하였을 때의 홍반유발 최소자외선 에너지량(MED)}}{\text{자외선 차단제품을 사용하지 않았을 때의 홍반유발 최소자외선 에너지량(MED)}}$$

MED(minimal erythema dose)란 자외선이 피부에 홍반을 일으키는 데 필요한 자외선 에너지의 최소량을 나타내며, MED는 태양의 고도와 피부의 민감도, 피부 노출의 시간에 따라 달라진다.

실질적으로 태양의 고도와 피부의 민감도는 측정하기 힘들므로 동일한 태양의 고도에서 동일한 피부를 일광에 노출시켰을 때 제품을 바르기 전의 경우와 바른 후의 홍반이 유발되기까지 걸리는 시간을 측정하게 된다.

7

네일 테라피

Nail Therapy

네일 테라피란 ┃ 네일 컬러 디자인 ┃ 네일 심리정서 치유

:: 네일 테라피란

네일 테라피는 네일아트를 매개로 하여 치유의 목적으로 아름다운 네일아트 디자인의 과정을 통하여 개인이 가지고 있는 스트레스의 해소와 우울감을 감소시키고 긍정심리를 향상시키는 심리치유 요법으로의 뷰티디자인 활동을 말한다. 테라피(Therapy)에 네일아트(Nail art)를 접목시켜 심리를 치유하는 활동으로 내면의 부정적 심리정서를 완화시킬 수 있으며 시각적 자극을 통한 시각치유를 전제로 하는 뷰티 테라피의 하나이다.

네일 테라피의 네일아트는 시각치유의 예술치유로 형태와 색채의 영향을 많이 받고 있다. 이에 심미적 관점에서 네일아트의 표현은 자신의 기분에 따라 자유로운 시각적 수용을 통해 긴장된 마음을 완화시킬 수 있는 디자인을 구성할 수 있으며 신체일부인 손톱과 발톱에 시각적 아름다움으로의 변화를 줌으로써 긍정적 심리 형성에 효과적으로 작용한다.

시각치유

시각치유는 긴장의 이완과 긍정적 감정을 이끌어낼 수 있게 하며 색채치유, 미술치유, 스타일치유 등으로 구분된다. 특히 색채는 일정한 물리적 파동과 시각적 자극을 통하여 중추신경계의 활성화와 심신의 안정을 유지시킨다.

아르간 오일Argan oil

체내 콜레스테롤 수치를 저하시키고 노화를 방지하는 효과가 있는 화장품의 원료이다.

호호바 오일Jojoba oil

보습효과가 있어 로션이나 크림 등의 화장품 원료로 자주 사용되고 있다.

---

① 네일 쉐입 효과 nail shape

네일은 인체의 작은 부분인 손톱과 발톱을 의미하며 이에 적용되는 네일아트는 손톱 및 발톱의 특성에 따라 다양한 쉐입과 디자인 형태를 가지고 있다. 네일 쉐입 효과(Nail shape)은 손톱 끝의 모양을 말하며 손톱 모양이 주는 시각적 효과에 따라 다른 느낌을 나타낸다.

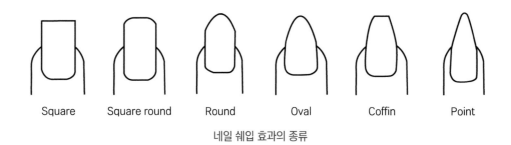

Square   Square round   Round   Oval   Coffin   Point

네일 쉐입 효과의 종류

■ 스퀘어 쉐입 square shape

스퀘어 쉐입은 손톱의 양 옆을 각지게 하여 사각형 모양으로 나타낸 모양으로 손톱이 약한 경우 손톱이 쉽게 부서지는 것을 보완할 수 있는 네일 쉐입 효과이다. 이는 스포티한 느낌을 주기 때문에 젊은 층에서 선호하며 컴퓨터 키보드를 자주 사용하는 사무직 여성의 경우 손톱 부서짐이나 금이 가는 것을 예방할 수 있으며 발톱의 경우 내향성 발톱 방지를 위해 주로 사용되는 모양이다.

■ 스퀘어 라운드 쉐입 square-round shape

스퀘어 라운드 쉐입은 스퀘어 쉐입에서 양 측의 각을 없앤 모양으로 사각형과 둥근 원형을 결합한 모양이다. 이는 스퀘어 쉐입과 유사한 효과를 주며 스퀘어 쉐입에 각을 없애 날카롭지 않으며 활동성이 높아 많은 사람들이 선호한다.

■ 라운드 쉐입 round shape

둥근형태이며, 가장 흔하고 무난한 쉐입 형태이다. 굵거나 짧은 손가락, 남녀노소 누구나 자연스럽게 어울리는 형태이며, 남자들도 선호하는 형태이다. 너무 짧고 깊게 파일링을 하게 되면 파고드는 손톱과 발톱의 원인이 될 수 있기 때문에 쉐입을 잡을 때 주의하도록 한다.

■ 오벌 쉐입 oval shape

오벌 쉐입은 라운드 모양보다 손톱 끝 커브의 각도가 약간 크며 달걀이나 아몬드의 모양과 유사하다. 이는 손을 가늘어 보이게 하고 여성스러운 느낌을 주어 일반적으로 여성들이 주로 선호하는 손톱 모양이다.

■ 커핀 쉐입 coffin shape

커핀 쉐입은 서양의 관(棺)과 유사한 모양으로 '커핀 쉐입'이라 하며 이 외에도 발레리나의 토 슈즈(Toe shoes)와 같다고 하여 '발레리나 쉐입'이라 불린다. 이는 손톱의 폭이 좁은 스틸레토와 스퀘어 쉐입을 결합한 모양으로 스포티한 느낌과 여성스러운 느낌을 모두 연출할 수 있어 네일 디자인에 활용도가 높다.

■ 포인트 쉐입 point shape

뾰족한 모양으로 아몬드(almond) 형태라고도 부른다. 손가락이 가늘고 길어 보이는 장점과 섹시한 느낌이 들어 여성들이 선호하는 네일 모양이지만, 가늘고 길어서 잘 깨지고 부러지는 단점이 있다. 손가락이 가늘고 네일 바디가 좁은 사람에게 어울리는 형태이다.

■ 스틸레토 쉐입 stiletto shape

스틸레토 쉐입은 오벌 쉐입의 손톱 양 끝 커브가 더욱 가파른 모양으로 손톱의 폭이 좁고 끝이 뾰족하다. 이는 화려한 느낌을 주어 손이 강조되며 손과 손가락이 가늘어 보이는 효과가 있다. 하지만 쉽게 부러지거나 금이 갈 수 있다.

② 네일 디자인 형태 nail design shape

■ 사각형 square

사각형 형태의 네일 디자인은 안정감과 균형감을 주고 긴장감을 완화시키는 효과가 있으며 시각화 하였을 때 디자인의 전문성과 효율성을 부각시키는 효과가 있다.

■ 원형 circle

원이나 고리 모양의 형태는 긍정적 감정을 주고 공동체적 동질감을 증진시키는 효과가 있으며 감각적인, 여성스러운, 무한한, 보호의 메시지를 전달한다.

■ 삼각형 triangle

삼각형은 신비롭고 기묘한 기운을 주며 미래지향적인 분위기나 공상과학, 에너지가 넘치는, 종교적인의 메시지를 전달한다.

■ 육각형 hexagon

육각형은 조화와 통일감을 주며 편안한 느낌을 준다.

■ 수직선 vertical line

수직선은 목표를 위하는 헌신적 힘의 메시지를 전달하며 권위, 위엄의 느낌을 준다.

■ 수평선 horizontal line

수평선은 생동감을 주며 무한한 미래지향적 움직임의 느낌을 준다.

네일 디자인의 형태

:: 네일 컬러 디자인

네일의 컬러는 네일 디자인의 가장 중심적 역할로써 컬러가 주는 심리효과에 따라 네일 디자인의 느낌과 이미지가 결정된다. 네일 컬러링(Nail coloring)은 네일에 컬러를 바르는 것으로 단순히 네일에 색을 입히는 것만으로도 네일 디자인이 되며 다양한 컬러링 기법이 있다. 이에 네일 바디(Nail body) 전체에 컬러를 채우듯 바르는 풀코트(Full coat), 프리엣지(Free edge)의 스마일라인을 따라 컬러를 바르는 프렌치 네일(French nail), 프렌치를 네일 바디(Nail body)의 절반가량 그려주는 딥 프렌치 네일(Deep french nail), 프리엣지 부분으로 이동할수록 점차 짙어지는 컬러링 효과인 그라데이션 네일(Graduation nail)이 있다.

풀 코트Full coat

가장 기본적인 네일 컬러링의 방법으로 큐티클 라인을 주의하여 바르며 손톱 양 측 사이드와 프리엣지 (Free edge) 단면의 앞 선까지 컬러가 발라져야 한다. 이때 네일 폴리시의 브러시가 이루는 각도는 45˚ 가 적당하다.

프렌치French

프렌치의 상하너비는 3 ~ 5mm, 프리엣지의 스마일라인을 따라 매끄러운 곡선을 형성해야 하며 여성스럽고 자연스러우며 단정한 느낌을 준다.

딥 프렌치Deep french

딥 프렌치는 프렌치 컬러링 부분이 깊게 나타난 것으로 프리엣지의 스마일라인을 네일 바디의 2/3정도 프렌치를 그려주는 컬러링 방법이다. 이는 풀 코트와 프렌치의 혼합으로 주로 젊은 층의 선호도가 높다.

그라데이션Graduation

스펀지를 활용하여 도포하는 컬러링 기법으로 네일 바디의 길이가 길어 보이는 효과가 있다. 또한 프리엣지 부분으로 이동할수록 점차적으로 컬러가 짙어지며, 컬러의 혼합과 글리터가 활용되기도 한다.

---

① 네일 컬러의 상징 nail color symbol

■ 빨강 red

빨간색은 활동적이고 강한 색으로 무기력하거나 우울한 기분이 들 때 생기를 불러일으키는 효과가 있다. 신체의 활력과 행동력을 향상시켜 정신과 마음 에너지를 북돋아주며 가장 열정적인 색으로 모든 컬러와 조화롭게 어울린다. 특히 옐로우, 화이트, 브라운, 그린, 블루, 블랙 네일 컬러와 매치(Match)했을 때 가장 무난하게 조화된다.

■ 주황 orange

주황은 관계와 인연을 상징하며 마음을 안정시키는 효과가 있다. 정신적으로 큰 충격을 받았을 때 주황색 옷을 입으면 심적 안정을 되찾는데 도움을 준다. 또한 활발하고 친근한 느낌으로 하양을 혼합하면 '은은한', '따뜻한', '자연스러운'의 느낌을 주는 주황컬러를 연출할 수 있고 주황의 네일 컬러는 블루, 인디고, 바이올렛, 퍼플, 화이트, 블랙과 매치된다.

■ 노랑 yellow

노랑은 지식과 도전을 상징하는 색으로 밝고 긍정적인 느낌을 준다. 만약 부정적인 생각이나 감정을 완화시키고 자존감을 높여주는 컬러이며 긍정적이고 열린 마음을 갖도록 하는 효과가 있다. 또한 노랑의 네일 컬러는 화이트가 강한 블루, 라일락, 라이트블루, 퍼플, 그레이, 블랙이 조화롭게 매치된다.

■ 초록 green

초록은 신뢰, 평화, 휴식을 상징하는 컬러로 여유로움과 편안한 느낌을 준다. 초록은 자연의 색과 가까워 스트레스 완화의 효과가 있으며 특히 눈을 편안하게 해주고 몸과 마음의 안정을 가져다주어 마음을 차분히 가라앉힐 때 활용될 수 있다. 또한 그린의 네일 컬러는 골든 브라운, 오렌지, 라이트그린, 옐로우, 브라운, 그레이, 크림, 블랙과 매치된다.

■ 파랑 blue

파랑은 평화와 보호, 소통을 상징하는 객관적이고 이성적인 컬러이다. 이는 선하고 순수한 이미지로 고요한 내면의 평화를 가져오는 효과가 있다. 또한 신체를 이완시키고 차분하게 하여 불면증 개선에 도움을 주며 집중력을 향상시키고 레드, 그레이, 브라운, 오렌지, 핑크, 화이트, 옐로우 컬러와 매치된다.

■ 남색 indigo

남색은 직관과 통찰력을 상징하고 집중력을 높이는데 효과적인 컬러이다. 특히 무엇인가를 배우고 익히는 학습활동에서 자신감과 용기를 북돋아주어 학업 성취도에 긍정적 도움을 준다. 남색 네일 컬러는 세련되고 지적인 느낌을 주며 모던하고 도시적인 여성의 이미지를 연출할 수 있다. 남색 네일 컬러는 라이트라일락, 블루, 옐로우그린, 브라운, 그레이, 소프트옐로우, 오렌지, 그린, 레드, 화이트와 조화롭게 매치된다.

■ 분홍 pink

분홍은 여성적 에너지로 조건 없는 사랑을 상징하며 우울한 감정을 감소시키는 효과가 있다. 분홍은 사랑의 마음과 연관된 컬러로 우울증 해소를 위해 사용되어 왔으며 분홍 컬러를 가까이할수록 따뜻하고 부드러운 카리스마를 연출할 수 있다. 또한 핑크 네일 컬러는 브라운, 화이트, 민트그린, 올리브, 그레이, 버건디, 터키석 컬러, 페일 블루와 조화를 이룬다.

■ 보라 purple

보라는 치유와 봉사, 변화를 상징하는 창의적이고 감성적인 컬러이다. 이는 감각적인 정신활동에 도움을 주는 컬러로 자유로운 에너지를 가지고 있다. 또한 현실주의보다는 이상주의적 예술적인 세계에 더욱 어울리며 부정적인 사고를 긍정의 사고로 변화시킬 때 도움을 주며 슬플 때 몸과 마음의 균형을 회복시켜주는 효과가 있다. 보라의 네일 컬러는 골든 브라운, 파스텔 옐로우, 그레이, 민트그린, 터키석, 라이트 오렌지 컬러가 조화롭게 매치된다.

이 외에도 검정은 심리적 보호감을 형성하는 컬러로 강하고 비밀스러운 느낌을 주며 은색은 화려하고 눈부신 이미지로 기분전환의 효과와 기운을 북돋아주는 컬러이다. 골드는 성공과 승리를 상징하고 물질적인 풍요로움과 부를 의미하는 고급스러운 느낌을 주는 컬러이다.

② 퍼스널 네일 컬러 personal nail color

퍼스널 컬러(Personal Color)는 개인의 신체 색에 따른 컬러를 말하며 보통 피부, 머리카락, 눈동자 색에 의해 달라진다. 네일 컬러 역시 사람마다 다른 손 색 톤에 따라 퍼스널 네일 컬러가 달라지며 퍼스널 네일 컬러는 손과 손톱 중 하나라도 유독 도드라져 보이거나 묻혀 보이는 시각적 치우침이 아닌 조화롭게 어우러져 보이는 시각적 균형감을 준다. 마음의 치유를 위한 네일 테라피에 있어서 역시 자신에게 어울리는 컬러를 바탕으로 치유효과의 네일 컬러를 선정하는 것이 심미적 연출로서의 네일 테라피라고 할 수 있다.

퍼스널 네일 컬러의 진단은 크게 손의 색과 톤에 어우러지는 네일 컬러를 고르는 방법과 간단한 진단으로 웜 톤(Warm tone), 쿨 톤(Cool tone), 뉴트럴 톤(Neutral tone)으로 구분하여 이와 어울리는 컬러를 고르는 방법이 있다.

■ 화이트 스킨 톤 white skin tone

화이트 스킨 톤의 손은 주로 쿨 톤이 많고 연한 핑크와 파스텔 계열의 네일 컬러가 잘 어울리며 특히 코랄 컬러가 가장 잘 어울린다. 이에 컬러 선정에 있어서 파스텔 계열의 연한 톤을 중심으로 색조의 변화를 주는 것이 효과적이다.

■ 테닝 스킨 톤 tanning skin tone

따뜻한 느낌이 감도는 손으로 햇빛에 그을린 구릿빛 피부를 말한다. 이는 따뜻한 계열의 자연스러운 컬러가 어울리며 누드(Nude) 컬러의 브라운 컬러가 가장 잘 어울린다. 테닝 스킨 톤 손은 퍼플이나 핑크를 강조색 네일 컬러로 더해주면 매력적인 손을 연출 가능하다.

■ 올리브 스킨 톤 olive skin tone

올리브 스킨 톤은 동양인들의 많은 사람들에게 찾아볼 수 있다. 이러한 스킨 톤의 손은 버건디, 네이비, 핑크, 피치, 오렌지 네일 컬러와 함께 매치되며 특히 메탈릭 실버 컬러가 포인트 컬러로 연출하기에 가장 잘 어울린다.

■ 다크 스킨 톤 dark skin tone

다크 스킨 톤의 손은 굉장히 톤이 다운된 손으로 파스텔 계열 보다는 강렬한 느낌의 원색이나 톤이 다운된 레드, 짙은 자주색, 메탈릭 실버의 네일이 잘 어울린다.

③ 퍼스널 네일 컬러 진단 personal nail color diagnosis

퍼스널 네일 컬러를 진단하는 방법으로 손목에 있는 힘줄 색을 확인하는 방법이 있다. 힘줄이 파란색에 가까운 푸른빛을 보이면 쿨 톤(Cool tone), 그린 빛을 보이면 웜 톤(Warm tone), 보랏빛을 보이면 뉴트럴 톤(Neutral tone)에 가깝다고 할 수 있다. 또한 손목의 힘줄 색을 확인하는 방법 외에 코랄과 핫핑크를 기준으로 대비해보는 방법이 있다. 이 방법은 코랄, 핫핑크, 레드 오렌지 컬러의 진단지가 필요하고 진단지 위에 손을 올려 손이 가장 예쁘게 보이는 컬러를 찾는다. 이때 핫핑크가 잘 어울리면 쿨톤, 코랄은 웜 톤, 레드오렌지는 뉴트럴 톤에 가깝다고 할 수 있다.

'쿨 톤'에 어울리는 네일 컬러에는 피치, 페일 라일락, 민트그린, 켈리그린, 오키드, 로즈 레드, 로얄 퍼플, 네이비가 있으며 '웜 톤'에 어울리는 네일 컬러에는 페일핑크, 라이트 옐로우, 라임, 올리브, 골드, 코랄, 짙은 오렌지, 마룬 컬러가 있다. '뉴트럴 톤'은 회색빛이 섞인 컬러로 바닐라, 샌드, 베이지, 소프트 그레이가 잘 어울린다.

손목 힘줄의 색과 퍼스널 네일 컬러

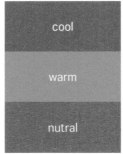

웜 톤과 쿨 톤 네일 컬러

웜 톤(Warm tone)

쿨 톤(Cool tone)

뉴트럴 톤 네일 컬러

Vanilla   Sand   Beige   Soft gray

:: 네일 심리정서 치유

네일 심리정서 치유는 예술치유와 같이 시각치유와 색채심리를 근간으로 하는 치유의 방법이다. 이들은 모두 디자인을 통해 심상을 표현할 수 있고 회상이 가능하며 공간성과 창조성이 있다. 이에 예술치유는 혈압, 맥박, 호흡, 피부의 반응과 뇌파에 긍정적 반응을 가져오며 면역력을 높이는 효과가 있어 창조적 표현 치유활동이자 심리적 활력을 되찾게 하는 방법으로 활용되고 있다. 예술치유는 음악, 미술, 작업치료 등의 다양한 활동으로 행해지며 특히 미술치유의 경우 미술 작업 활동을 통한 치유가 이뤄지는데 이는 네일아트의 작업 활동 역시 미술치유의 기법과 유사한 기법을 나타내고 있어 네일 테라피의 효과를 기대할 수 있다.

마블링, 프로타주, 콜라주기법, 테두리법은 미술치유 기법에서 심리적 긴장감을 완화시키는 효과로 네일 심리정서 치유 기법에 적용하여 정서를 표현하고 활용하며 공감적 이해와 인식을 바탕으로 긴장감을 완화시키고 기분의 전환을 가져오는 효과가 있다.

① 네일 예술치유nail art healing

■ 마블링 marbling

미술치유에서 마블링은 물과 기름이 서로 섞이지 않는 성질을 이용한 것으로 우연의 효과를 바탕으로 하는 미술활동이다. 이는 네일 디자인 기법에 적용하여 니트로셀룰로오스 성분의 네일 폴리시와 물과의 서로 섞이지 않는 성질을 이용한 아트로 표현된다.

■ 프로타주 frottage

프로타주 기법은 무의식에서 생겨나는 심상을 자극하기 위한 미술치유 기법으로 연필, 목탄, 그림물감 등을 캔버스 화면에 문질러 나타내는 미술 활동이다. 이를 네일 디자인 기법에 적용하여 신문이나 잡지의 일부분을 네일에 문질러 무늬를 나타낸다.

■ 꼴라주 collage

꼴라주는 부조화적 이미지의 창출과 상징으로 종이, 실, 끈 등을 오리고 변화시켜 그림에 대한 거부감과 자신감의 회복을 향상시키는 효과가 있다.

■ 테두리법 border method

테두리법은 종이에 테두리를 그리는 방법으로 조형 활동의 동기를 자극하며 작업에 대한 심적 부담감과 공포를 줄이고 과잉행동과 주의산만을 통제할 수 는 효과가 있다.

■ 만다라 mandala

만다라는 치유요법으로 널리 활용되고 있는 문양으로 시각을 매개로 하는 시각치유 외에도 명상치유, 음악치유와 함께 시각적 자료로써 함께 사용되기도 한다. 이는 기억과 감정을 통합함에 유용하며 자유연상에 의한 디자인 도출이나 심상을 시각적으로 표현한다.

마블링기법	프로타주기법	꼴라주기법	테두리기법	만다라기법

8

패션 코디네이션

Fashion Coordination

패션이란 | 패션 이미지와 스타일링 | TPO와 스타일링 | 체형과 스타일링

코디네이션(coordination)은 두 가지 이상의 종류를 통합하여 조화롭게 만들어 내는 것을 의미한다. 이에 패션의 대표적인 아이템인 의상과 함께 헤어, 메이크업, 액세서리 등 머리부터 발끝까지 사용되는 모든 아이템이 조화를 이루며 목적에 맞는 스타일을 만들어 내는 것이 패션코디네이션(fashion coordination)이다. 이처럼 패션을 활용한 스타일링은 자신의 외모를 꾸미며 아름답게 표현하는 방법이다. 자신을 시각적으로 드러내어 표현하므로 그 결과물을 형성한다. 이를 위해 자신의 체형이나 TPO, 사회적 지위 등에 맞는 이미지를 연출하므로 스스로 만족감을 느끼며 타인에게는 호감을 줄 수 있어 사회활동에 있어 도움이 되기도 한다. 패션과 함께 대응하면서 인간의 종합적인 아름다움을 만들어 내는 것으로 개인적인 표현과 이미지를 다양하고 새롭게 연출하는 것이 중요하다.

:: 패션이란?

패션의 어원은 라틴어의 팍티오이며, 만드는 일·행위·활동 등을 뜻한다. 만드는 것을 의미하는 패션은 아름다움을, 상품이나 기호, 사고, 양식, 하나의 현상까지 만들어 전파하여 유행시킬 수 있는 것이다. 오늘날 패션의 주 대상은 의복으로, 이는 인간과 가장 밀접한 관계를 맺고 있으며 사회적 활동이 가능하기 때문이다. 특정한 감각이나 스타일이 집단에서 일정 기간 받아들여 유행을 이루었을 때 이를 패션이라 한다. 패션은 한 시점에 상당수의 사람에게 인기가 있는 스타일이기도 하고, 그 시점이 지나면 인기가 사라져 새로운 스타일이 대신하게 된다. 이는 집단행동의 표출로서 일정 기간에 인기 있고, 수용된 지배적인 스타일을 의미한다. 또한, 특정 시기에 직물, 모피, 가죽, 기타 소재를 적절하게 사용하여 만들어 낸 의복이나 액세서리를 착용한 상태를 말한다. 또한, 패션은 디자인, 제조, 판매촉진 등에 사용된 방식도 포함하여 설명할 수 있다. 사회적으로 규정되거나 수용되는 재단, 색상, 실루엣, 재료 등과 관계가 있으며, 이는 스타일의 반복적 변화와도 관련된다. 이처럼 패션이란 일정한 기간 내에 사회의 많은 사람이 의식 혹은 무의식적으로 선택한 취미, 기호, 사고방식, 행동방식이 전염되는 사회적 동조 현상이라 할 수 있다.

1 패션의 사회적 의미

패션의 사회적인 현상으로 사람과 의상의 상호 관련성을 들 수 있다. 이는 의복을 착용하는 사람의 의식과 가치추구에만 국한되는 것이 아니기 때문이다. 여기에 착용자와 의상과의 관계를 관찰하는 타인이 있다는 인식과 사회생활을 통한 관람자로서 제삼자를 무시할 수 없다는 것이다. 그러므로 패션디자인은 의상, 착용자, 그리고 보는 자인 타자의 상호관계까지 생각해야 한다. 만약, 보는 자의 존재를 무시하고 착용자의 의상의 두 가지 관계만으로 이루어진다면 그 의상은 사회에 전파되지 못할 수 있으며, 독선적인 개성의 결과를 가져올 수 있을 것이다. 그러므로 의복은 착용 되는 순간, 타인의 시선을 의식해야 한다. 그러나 지나친 의식으로 보여주겠다는 과시적인 현상이 아닌 자연스러운 표현으로 사회적 동질감, 혹은 선도적 역할을 이루는 것이 바람직하다. 이를 위해 스스로 보는 사람의 입장이 되어 객관적으로 관찰하고 비판할 때에 패션의 본질적 의미를 이해했다고 할 수 있다. 인간은 사회라는 무대에서 집단이라는 관객을 상대로 의복을 이용한 연기를 하며, 어떻게 보이는가를 관객의 표정에서 읽어야 한다는 것이다. 패션의 실용적, 합리적, 기능적인 본질 요인은 생활하는 데 필요한 기본 욕구, 생리적 욕구를 만족시키고 활동에 쉽게 하는 것이다. 새로운 것을 추구하는 욕구가 미적 요인이라면, 사회인지 요인은 현재 사는 사회에 동화되고 보조를 맞추고 싶은 욕구로 이를 만족시키는 것은 사회적 영역이다. 이는 사회의 관습이나 도덕과 관련하여 입는 사람이나 보는 사람에게 안정된 느낌을 주고 실용적, 사회적, 심미적, 도덕적인 면이 합치되는 표현이다.

2 패션의 특성

▪ 실용적 측면

실용성은 인간 생활 활동의 편리를 위한 요소이며 기능과 관련하여 적합성이라 할 수 있다. 옷의 기능성이 뛰어나면 당연히 실용성이 높아지나 반대로 기능성이 떨어지면 실용성이 저하될 수 있다. 이에 옷의 기능은 신체 각 부위의 활동성을 향상할 수 있도록 생각하여 디자인해야 한다. 패션의 실용적 목적에 부응하기 위하여 기능, 재료, 색채, 기술을 통해 옷의 기능을 향상해야 한다. 기능적인 옷은 기술적인 문제와 상관성이 전제된다. 이러한 활동으로 디자인 요소들의 융합과 결합, 통일이 이루어지므로 좋은 디자인을 기대할 수 있다. 아무리 우리의 눈을 사로잡는 옷이라 할지라도 최소한의 기능성을 갖추었을 때 옷으로서 역할을 할 수 있다.

■ 예술적 측면

패션은 기본적으로 실용성을 전제로 하고 있지만, 소비자의 심미적 가치와 심리적 요인을 충족시키기 위한 예술적 성격이 강하다. 패션의 경쟁력을 결정짓는 중요한 요인으로 소비자의 감성 흐름을 파악하고 이를 표현할 수 있는 정보해석 능력과 예술적 표현이 요구되고 있다. 패션을 선도하는 기업들이나 디자이너들은 패션디자인의 차별화 및 정체성의 요소인 독창적 표현을 위해 예술적 측면을 중시해야 한다. 이와 함께 그 시대가 요구하는 아름다움을 패션에 제시해야 한다.

■ 기술적 측면

패션에 있어서 기술을 가장 기본적으로 충족되어야 하는 부분이다. 기능과 실용적 부분의 추구와 함께 소비자의 감성적 욕구 충족을 위한 아름다움을 발현하기 위한 실제적인 기술력이 필요하기 때문이다. 이는 실제로 인체에 착용하기 때문에 소재에서부터, 패턴, 재단, 봉제에 이르는 여러 가지 기술적인 부문이 뒷받침되어야 한다. 또한, 심미적 표현이 가능한 기술적인 기능까지 충족하는 것도 함께 요구된다.

■ 사회적 측면

패션의 사회적 측면은 개인의 개성을 표현하는 수단이며 첫인상을 형성하는 보조적 역할을 한다. 또한, 우리가 속한 사회에 동화되고 보조를 맞추고 싶은 욕구가 있다. 이는 사회에 소속된 직업과 역할을 직·간접적으로 나타내기도 하며 신체적인 안전과 보호의 목적으로써 활용될 수 있다. 또한, 사회적 측면에서 패션은 새로운 제품을 제시하고 소비자를 유도하여 유행을 선도하며 흐름을 형성하여 집단 활동을 만들어 내는 것이라 할 수 있다.

■ 심리적 측면

인간의 심리와 맞물려 나타나는 현상으로 전통적이고 정형적인 것을 거부하며 늘

새롭고 혁신적인 것을 추구하므로 변화의 욕구를 통해 남과 다른 것을 추구하는 패션 리더가 나타난다. 반면 사회적 소속감을 중시하며 안정감을 추구하는 심리는 비슷한 스타일을 따라 하는 유행을 만들기도 한다. 또한, 능력 있는 사람으로 인정 받고자 하는 심리로 인한 자아 확신을 추구하며 자신을 드러내는 자아 확장의 심리 욕구를 표출하기도 한다.

③ 패션 용어

■ 패드 fad

패션 중에 가장 수명이 짧고, 유치하며 젊은 층을 대상으로 단기간 어필하는 패션을 말한다. 대체로 초기에는 급속히 전파되나 곧 사라져 버린다. 패드는 종종 영화나 미디어를 통해 등장하는데, 패드는 사라져 버릴 것으로 생각하여 가볍게 생각하기 쉬우나 지속해서 반복되어 수용되면 패션이 되기도 한다. 1960년대 미니스커트는 일시적인 유행으로 생각되었으나 1960년대 후반에 패션의 주요 흐름으로 자리 잡으며 1980년대 후반부터 1990년대 초반에 다시 이어지기도 했다. 또한, 1960년대 히피들이 착용한 진은 그 후 패션의 주류로 자리를 잡으며 지금까지 영향을 주고 있다.

■ 스타일 style

스타일이란 의상에서 어떤 특징을 가진 독특한 형태를 말한다. 시대가 변함에 따라 유행은 바뀌지만 이처럼 독특한 성격을 띤 스타일 자체는 변하지 않는다. 이러한 스타일은 룩look의 기원이나 특정 룩이 시작된 시기를 묘사하는 말로 사용되기도 한다. 펑크punk나 프레피preppie, 1950년대 룩, 빅토리안 룩은 다른 스타일과 구별될 수 있는 고유한 특징을 연상시킨다.

■ 클래식 classic

패션에서 클래식은 고전이라는 뜻이라기보다 유행을 타지 않고 오랫동안 성격이 다른 많은 그룹의 사람들이 채택하여 지속하는 스타일을 의미한다. 이러한 클래식은 디자인이 단순하고 기본적이며 보편적이다. 예로 전통적인 테일러드 재킷, 트렌치코트, 버튼다운 셔츠, 리바이스 501청바지 등을 들 수 있다. 그렇지만 클래식이라고 전혀 유행과 상관없는 것은 아니다. 클래식한 테일러드 재킷의 경우라고 재킷 라펠의 폭이나 직물의 변형 등의 시대적 감성에 맞게 변화하며 이어지고 있다.

■ 하이패션 high fashion

하이패션은 고가의 독특한 디자이너 브랜드 스타일이다. 소수의 사람에 의해 채택되는 스타일로 아방가르드적이고 탐구적인 스타일을 주로 채택하기도 한다. 유명 디자이너에 의해 디자인되고 고급 옷감과 부속품을 사용하며 아주 숙련된 기술자에 의해 만들어지므로 매우 고가이며 소량생산으로 희소성이 있다. 따라서 새로운 영감의 근원으로 창의성이 중시되는 경향이 나타난다.

■ 매스패션 mass fashion

대중적인 유행을 의미하며 많은 사람이 착용하는 지배적인 스타일이다. 이들은 대량생산, 대량판매를 이루며 백화점, 전문점, 할인점과 같이 다양한 가격대의 상점에서 모두 취급한다. 스타일은 빠르고 많이 생산하기 위해 기본형이 주를 이루며 패션의 가치를 높이는 장식적이거나 복잡한 디자인이나 디테일은 채택하지 않는 특성이 있다.

■ 오트쿠튀르 haut couture • 프레타포르테 pret-a-porter

오트쿠튀르는 원래 고급 양재 또는 고급 양재사를 의미한다. 1868년 이후 일 년에 2회 창작 의상을 발표하는 고급 의상점들의 모임을 의미하나, 오늘날은 세계적인 일류 디자이너의 주문복, 맞춤복을 의미한다. 프레타포르테는 ready to wear로 기성복을 의미한다. 일반 소비자를 대상으로 만든 옷으로 오트쿠튀르와 상반된 의미이다.

4 패션의 주기

패션은 변화한다. 변화는 패션의 고유한 속성으로 패션을 흥미롭고 새롭게 만들 수 있다. 사회, 경제, 정치, 문화, 기술 등의 외부 요인과 소비자의 심리에 따라 달라진다. 사회 전반에 걸친 다양한 현상과 사건들은 패션에 영향을 주며, 복잡하고 다양해진 삶의 변화는 소비자의 필요가 변하며 패션도 함께 변화하게 된다. 패션이 변화한다는 것을 새로운 패션이 소개되고 소멸하는 주기로 설명할 수 있다. 이러한 패션의 수명 주기는 패션의 도입기, 상승·절정기, 쇠퇴기의 단계를 거치며 진행되며 흐름이 나타나고 있다. 이는 특정한 시기와 상황에서 소비자에 의해 채택되는 잠정적이며 주기적인 현상으로 이를 파악하는 것이 중요하다.

■ 도입기 introduction

새로운 패션으로 소개되는 시기이다. 사회에 처음 소개되고 패션의 혁신자, 리더들에 의해 처음으로 채택되는 혁신적인 단계이다. 새로운 스타일이 대중에 의해 거부될 가능성도 있으므로 확산하지 못하고 사라지는 예도 있다. 이 시기의 패션은 시즌에 앞서 개최되는 컬렉션, 바이어, 패션 기자들에게 소개되며 하이패션으로 불리기도 한다. 패션잡지, 패션쇼, 매체 광고 등의 대중매체를 통해 알리며, 대중들에게 영향력이 있는 유명인에 의해 간접광고를 하는 시기이며 희소성과 새로움의 부가가치에 의해 고가에 판매가 이루어진다. 이는 기존의 패션과 차별되고 먼저 선택하기를 원하는 패션 리더, 혁신자들이 구매하므로 성장할 수 있게 된다.

■ 상승·절정기 rise·peak

상승기는 새로운 스타일을 채택하는 소비자가 증가하는 시기이며 패션의 사회적 가시도가 높아지는 것을 볼 수 있다. 수요가 점차 증가하며 절정에 이르게 되는데, 이 시기는 구매할 능력이 있는 소비자는 모두 구매하므로 패션이 절정에 달하는 시기로 사회적 포화단계이다. 이 시기는 새로움이나 희소성은 없으나 많은 사람에게 구매되는 시기로 매스 패션의 시기라 할 수 있다. 합리적인 가격과 많은 상품이 보이는 시기로 상품의 가치가 점차 감소한다.

■ 쇠퇴기 decline

많은 사람에게 수용된 패션은 싫증을 느끼며 인기가 하락하여 흥미를 갖지 않게 되면서 수요가 감소하는 시기이다. 더는 선택되지 못하면서 소멸하는데 이는 또 다른 변화를 일으키는 요소로 작용하며 새로운 스타일을 등장시키기도 한다.

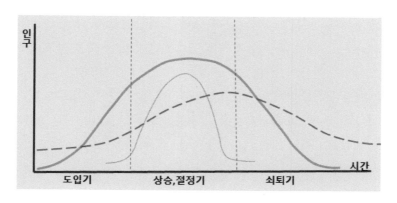

패션 수명 주기

5 패션의 전파

패션이 대중에게 어떻게 전파되는지 이해하기 위해, 새로운 변화를 먼저 수용하는 선도자 집단과 이를 모방하는 추종자 집단이 함께 존재한다는 것을 인지해야 한다. 두 집단의 사회적 작용은 모방과 차별화로 설명되는데, 선도자 집단의 차별화 행동은 새로운 패션을 발생시키고 이를 추종하는 집단의 모방 행동으로 확산시킨다는 것이다.

■ 하향 전파 trickle down

패션이 상류층에서 시작되어 하류층으로 전파하는 것으로 이는 상류층의 사회적 지위의 우월성으로 다른 계층과 구별되고자 하는 차별적 욕구로 인해 새로운 스타일을 채택하고 수용하는 특성이 있다. 중, 하류층은 이를 모방하면서 확산하고 점차 스타일의 구별이 계층 간 불분명해지면 다시 상류층은 새로운 스타일을 시도하게 된다. 이는 사회적 수직 계층구조와 지위 상승의 심리적 욕구를 반영하는 현상이라 할 수 있다.

■ 상향 전파 trickle up

특정 하위문화집단에서 시작된 패션이 상류층까지 사회 전반에 전파되는 현상이다. 이는 한 사회의 규범이나 가치체계와 구별되는 계층의 문화집단이 기존 전통이나 권위에 반발하며 드러나는 독특한 패션이 새로운 선도역할을 하는 것으로 이

때 상류층은 혁신적인 스타일을 수용하며 확산시키는 현상이다. 1960년, 1970년대의 히피룩, 청바지 패션과 펑크 룩, 1980년대 힙합 룩을 들 수 있다.

■ 수평 전파trickle across

패션이 같은 계층 내에서 확산하는 현상으로 집단 내에 선도자에 의해 새로운 스타일을 소개하면 이를 수용하며 확산하는 것이다. 이와 같은 현상은 현대패션이 대량으로 생산되며 여러 계층에서 비슷한 스타일이 다양한 가격으로 판매될 수 있어 가능한 현상이다. 즉, 대량생산, 부의 확산, 가격의 다양화 등의 요인으로 현대적 패션의 수평 전파를 설명할 수 있다.

:: 패션 이미지와 스타일링

패션 이미지는 옷을 통해 가장 먼저 보이는 이미지로 한 개인이 드러내는 고유한 느낌이다. 이미지에 따른 패션의 분류는 스타일링에 있어 색상, 스타일, 개인의 분위기를 만드는 역할을 할 수 있다. 이는 어떻게 보이는 가에 초점을 맞추고 시작하는 스타일링으로, 패션 이미지의 완성은 자신이 원하고 목표로 하는 이미지를 드러내는 것이다

1 클래식 이미지 스타일링

클래식classic은 고전적, 전통적, 보수적 등의 의미가 있다. 색상은 짙고 따뜻한 색을 중심으로 베이지, 다크브라운, 골드, 와인등이 좋고 딥과 털 그레이시 톤이 주를 이룬다. 배색은 대비를 약하게 하고 진하고 어두운색의 조화로 나타난다. 패션에서 클래식은 유행과 상관없이 오랫동안 사용되어 온 스타일로 세대를 초월한 가치를 지닌다. 지적이며 품위 있는 분위기로 트래디셔널도 포함된다. 균형과 조화를 중시하며, 유행을 따르지 않으면서도 세련되고 깊이 있는 이미지를 표현한다. 단순하고 기본적인 스타일로 테일러드 수트, 카디건 등이 있으며 소재는 트위드, 울 등이 적합하다. 메이크업은, 차분하고 자연스럽게 중후한 느낌으로 표현한다. 깨끗하고 안정된 피부표현과 갈색, 와인색의 과하지 않은 포인트 메이크업으로 이지적인 분위

기를 연출한다. 헤어는 굵은 웨이브의 단발로 품위 있는 느낌을 연출하거나 업스타일이 좋다.

② 모던이미지 스타일링

단순하고 기능적이며 도회적인 감성을 표현하는 이미지로 장식을 배제한 현대적인 분위기이다. 색상은 차갑고 무거운 느낌으로 화이트, 블랙 등의 무채색과 블루계열의 차가운 색, 기계적인 색이 주를 이룬다. 패션은 도시의 세련미와 절제된 지적 이미지를 추구하는 스타일이다. 직선적인 실루엣으로 절개선을 통한 날카로운 느낌을 전달하며 장식을 배제한다. 액세서리는 실버계열의 차갑고 대담한 기하학적인 스타일이 어울린다. 메이크업은 원포인트나 강한 색상으로 강렬한 이미지를 연출한다. 세련되며 강한 독창적인 느낌으로 개인의 개성을 돋보이게 하는 것이 바람직하다. 헤어는 짧은 길이의 단발, 커트디자인, 뱅 스타일, 직선이나 기하학적인 느낌의 형태로 도시적인 감각을 표현한다.

③ 매니시 이미지 스타일링

남성적인 의미의 매니시는 남녀평등을 주장하는 시대상을 드러낸 이미지로 독립적이고 강한 활동력 있는 여성을 표현하는 이미지이다. 색상은 주로 블랙, 무채색, 네이비 계열이고 그레이시와 딥톤의 어두운색이 많다. 패션은 남성복의 아이템을 여성복으로 디자인한 스타일로 남성적 특징이 나타난다. 슈트나 각진 어깨의 재킷, 심플한 팬츠로 연출하거나, 오버사이즈룩으로 남자친구 옷을 입는 것 같은 매니시 라인도 보인다. 남성적인 모자, 넥타이를 액세서리로 이용한다. 메이크업은 어두운 통의 피부와 눈매를 선명하고 뚜렷하게 하여 윤곽과 음영을 주어 강한 느낌을 연출한다. 헤어는 진한 색감으로 강한 느낌을 만들며 짧고 깔끔한 스타일로 연출한다.

④ 아방가르드 이미지 스타일링

전위적인 의미를 지니며 전통적인 기성적 개념을 부인하여 해체하여 새로운 것으로 창조하는 이미지로 실험적인 성향이 크게 나타난다. 색상은 상징적인 색상보다 배색의 특이성과 새로움으로 활용되며 대조적인 효과로 표현한 색이 주로 나타난다. 패션은 독창적이고 개성적인 스타일로 기존의 형태가 파괴된 느낌으로 표현한다. 메이크업은 전위적이고 예술감을 더하는 이미지로 일반적인 스타일에서 탈피한 강렬하고 독특한 분위기를 다양한 기법으로 연출한다. 헤어는 기존의 형식에 얽매이지 않고 다양하고 자유롭게 표현하고 미래지향적인 소재를 사용하므로 기존의 개념을 깨뜨린다.

⑤ 에스닉 이미지 스타일링

인종의, 민족의 라는 의미로 기독교 문화권인 유럽을 제외한 아시아, 아프리카, 중동지역의 민속 복에서 보이는 토속적인 분위기나 요소들을 도입한 스타일이다. 극동아시아의 동양적 의미를 나타내는 오리엔탈, 열대지방의 이국적 스타일의 액조틱도 포함된다. 색상은 토속적이고 이국적인 느낌으로 강렬한 색상의 카키, 올리브 그린, 브라운 계열로 비비드 톤이 주를 이룬다. 강한 대비로 배색이 이루어지는 것이 특징이다. 패션은 동, 서양의 특정한 복식이나 색상, 문양 등이 모티브로 나타나는 디자인이며 전통적인 복식의 멋과 함께 이국적인 신비로움도 표현된다. 메이크업은 다갈색의 피부표현으로 건강하고 자연스러움을 강조하고 입술을 글로시하고 강한 색으로 표현하는 것이 특징이다. 헤어는 민속적인 특성을 가미하여 변형한 현대적인 스타일로 레게 스타일의 길게 땋은 머리, 포니테일 스타일을 들 수 있다.

⑥ 내추럴 이미지 스타일링

자연의, 천연의, 가공하지 않은 등의 의미로 자연이 가진 친근함이 느껴지는 편안한 이미지이다. 에콜로지, 프리미티브도 포함된다. 색상은 인위적이지 않은 소박하고 자연스러운 색감으로 베이지, 아이보리, 옐로우, 올리브그린, 브라인 계열이며 라이트 그레이시, 덜톤으로 가라앉은 느낌이다. 대비가 약한 배색으로 동일색, 유사 색 조화로 자연의 느낌을 표현한다. 패션은 온화하고 차분한 느낌으로 몸에 헐렁하고 편한 실루엣의 디자인으로 천연 소재와 니트가 주로 사용된다. 메이크업은 인위적이지 않도록 자연스럽고 차분한 이미지를 표현한다. 본래 피부 톤과 유사하게 표현하며 포인트 메이크업도 두드러지지 않게 하는 것이 특징이다. 헤어는 가볍고 부드러운 느낌으로 인공적으로 형태를 만든 것이 아닌 히피 스타일의 스트레이트, 헝클어진 듯한 자연스러운 분위기를 만든다.

⑦ 로맨틱 이미지 스타일링

감미롭고 여성스러운, 상냥한, 귀여움의 의미로 부드럽고 사랑스러운 이미지이다. 이노센트, 판타지, 미네트도 포함된다. 색상은 가볍고 온화한 느낌을 주는 색으로 신비롭고 낭만적인 분위기를 연출한다. 밝은색을 주로 사용하며 부드러운 핑크, 피치, 엘로우, 퍼플계열의 파스텔 톤이 어울린다. 라이트와 브라이트 톤, 페일 톤도 사용한다. 패션은 귀엽고 사랑스러운 소녀 스타일을 기본으로 실루엣은 곡선적이며 부드러운 분위기를 연출한다. 주된 경향으로 플라워 패턴을 많이 사용하며 프릴이나 리본 등의 장식적 요소가 특징적이다. 메이크업은 깨끗하고 투명한 피부표현과 핑크, 보라색으로 포인트 메이크업을 진행하여 화사하고 여성스러운 이미지 연출한다. 헤어는 앞머리를 내리거나 긴 머리 형태가 어울리며 부드러운 물결 모양의 컬이 좋은 스타일이다.

⑧ 엘레강스 이미지 스타일링

우아한 품위와 고급스러움을 지닌 여성의 아름다움이 특징인 트렌드 테마로 '고상한, 우아한, 맵시'의 뜻이 있다. 전통을 고수하는 클래식 이미지와 비슷하며 색상은 부드러운 느낌의 그레이 톤이나 중간 톤을 사용하고 색상 간의 대비 차를 적게 한다. 패션은 절제된 실루엣으로 드레시한 분위기로 인체의 곡선미를 살려 세련미와 곡선미를 표현하는 스타일로 연출 한다. 액세서리는 곡선을 활용한 패턴으로 화려하거나 지나치게 크지 않은 것을 선택하고, 우아함을 살린 진주나 스카프 챙이 큰 모자 등을 사용한다. 메이크업은 차분한 느낌의 매트한 표현으로 부드럽게 연출하며 아이섀도 색은 의복 색상과 어울리도록 사용하고 입술도 도톰하게 그려준다. 헤어는 굵은 웨이브나 부피감을 살려 자연스럽게 올린 머리가 어울린다.

:: T.P.O.와 스타일링

스타일링은 대상의 미적 감각, 개성, 사회적 지위, 심리 상태, 라이프스타일 등을 표현하는 방법이다. 개인을 위한 스타일링으로 T.P.O. 스타일링은 집단에 부합되고 개인의 특성과 주변 상황에 알맞은 이미지를 연출하는 것으로 때와 장소, 상황에 따라 적절하게 스타일링하는 것이며 이는 성공적인 사회생활을 할 수 있는 방편으로 강화되고 있다. 현대인들은 여가와 문화생활의 추구로 다양한 활동이 이루어지고 있고 격식을 갖춘 행사에도 참여해야 하는 일들이 일어나게 된다. 일과 가정의 활동, 주말을 즐기는 레저나 여행 등의 활동은 다양한 스타일링을 요구하게 된다. 이러한 상황적 스타일링은 활동의 편의를 도모할 수 있고, 사회생활에서는 상대방에 대한 예의의 표현이기도 하다. 그러므로 언제(Time), 어디서(Place), 어떤 상황(Occasion)을 위한 것인지 생각한 후에 그에 적합한 이미지를 결정하여 스타일링을 하는 것이 바람직하다. T.P.O의 예로는 비즈니스, 스포츠, 여행, 파티나 모임, 조문, 결혼식, 면접 등을 들 수 있다.

1 비즈니스

비즈니스는 사회활동에서 이루어지는 일들로 책임감, 신뢰감, 친근감을 줄 수 있는 스타일링이 요구된다. 이는 모던이미지, 클래식이미지, 댄디이미지 등과 같이 단정하고 심플한 스타일로 품위와 신뢰를 줄 수 있는 이미지를 연출하는 것이 좋다.

2 스포츠

스포츠는 여가와 건강한 삶을 위한 것으로 활동적이며 자유롭게 움직일 수 있는 편안한 스타일이 필요하며 기능적이고 단순한 스타일로 스포츠의 유형에 맞게 선택하는 것이 바람직하다. 움직임을 고려한 역동적인 느낌의 밝고 산뜻하고 경쾌한 이미지를 연출하는 것이 좋다.

3 여행

여행은 목적과 도착지에 따라 그에 맞는 준비가 필요하다. 기온과 날씨를 미리 체크 하는 것이 중요하다. 여행 중 착용할 의복의 수량을 고려하여 다양한 스타일링이 교차하게 하는 것도 방법이다. 구김이 잘 생기지 않거나 적은 부피의 의복도 효율적이다. 또한, 여행의 자유로움과 격식에 얽매이지 않는 캐주얼하고 활동적인 이미지나 내추럴이미지도 자신의 이미지를 연출할 수 있다.

④ 모임, 파티

서구적 문화의 유입으로 점차 사교나 친목을 위한 모임이나 파티가 늘고 있다. 모임의 유형과 목적에 맞게, 파티의 전반적인 분위기에 어울리도록 선택한다. 세련되고 감각적인 이미지를 연출하는 것이 좋으며 절제된 슈트, 원피스에 화려한 액세서리로 감각적이고 단아한 이미지를 줄 수 있으며 자신을 돋보이도록 하는 것이 중요하다.

⑤ 조문

유족을 위로하기 위한 스타일링으로 예의를 갖추어 차분하고 단정하게 연출하는 것이 좋다. 검은색을 위주로 어두운색을 착용하며 화려한 장식이나 메이크업, 향수는 하지 않는다.

⑥ 결혼식

결혼식은 축하의 자리로 예의를 표현하는 것이 중요하다. 신랑이나 신부보다 눈에 뜨이지 않는 스타일로 특히, 신부의 드레스 색인 흰색, 핑크색은 자제하는 것이 좋다. 전반적으로 밝고 화사한 분위기를 줄 수 있는 단정한 슈트로 연출하는 것이 바람직하다.

⑦ 면접

면접은 회사의 특성을 고려한 스타일링이 필요하며 짧은 시간에 자신의 능력과 장점을 보이도록 해야 하는 특성이 있으므로 면접관에게 호감을 줄 수 있는 이미지와 채용하고 싶은 인재로서 이미지를 연출하는 것이 중요하다. 이는 신뢰감과 친근함, 자신감을 줄 수 있는 클래식하고 모던한 이미지로 단정하고 깔끔하게 슈트, 메이크업, 헤어까지 연출하는 것이 좋다.

:: 체형과 스타일링

체형은 어깨, 가슴, 허리, 엉덩이, 대퇴부 등의 수평적인 폭을 기준으로 이루어진다. 이상적인 체형을 제외하고 삼각형, 역삼각형, 직사각형, 모래시계형, 다이아몬드형, 둥근형으로 모두 6가지로 분류할 수 있다. 자신의 체형을 알아보고 장점을 부각하거나 체형의 단점을 보완하는 스타일링을 한다면 보다 멋진 모습으로 변모할 수 있다. 자신이 어떤 타입인지 알아보는 것이 필요하다.

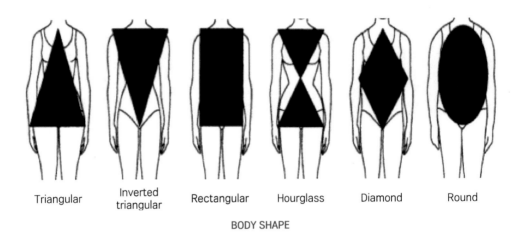

| Triangular | Inverted triangular | Rectangular | Hourglass | Diamond | Round |

BODY SHAPE

1 유형별 스타일링

■ 삼각형 triangular

삼각형은 상체의 어깨너비에 비교해 하체의 엉덩이 너비가 넓어 상대적으로 하반신이 발달 되어 있는 체형이다. 상반신은 좁은 편으로 어깨가 처지고 좁은 경우가 많고 허리가 길고 가는 편이며 엉덩이가 크고 허벅지가 굵은 편으로 다리가 짧은 경우가 많다. 삼각형 체형은 하반신에 무게감이 더 느껴지므로 스타일링에 있어 균형을 맞추는 것이 중요하다. 상반신을 보완하기 위해 어깨와 상반신 부분에 부피감을 더할 수 있는 스타일이나, 하의보다 밝은색을 착용하는 것이 좋다. 하의는 타이트한 스타일은 하체를 부각하므로 피하는 것이 좋으며 허리 아래는 부드러운 소재의 느슨하고 여유 있는 디자인인 좋다. 액세서리도 시선을 위로 가도록 착용하는 것이 바람직하다.

■ **역삼각형** inverted triangular

역삼각형은 상체의 어깨너비에 비교해 하체의 엉덩이 너비가 좁은 체형으로 상대적으로 상반신이 발달한 체형으로 건강하고 남성적인 느낌을 준다. 상반신은 크고 넓으며 어깨가 넓은 경우가 많고 허리는 짧고 굵으며 반면, 엉덩이와 대퇴부는 상대적으로 작으며 다리가 길고 곧은 편이다. 역삼각형은 상반신이 더 크고 무겁게 느껴지므로 무게의 균형을 맞추는 스타일링이 필요하다. 하반신에 무게감을 더 줄 수 있는 스타일링으로 상의는 단순한 라인의 의상으로 하의는 부피감을 줄 수 있는 의상으로 보완하는 것이 좋다. 상반신을 최소화하면서 허리 아랫부분으로 강조하는 스타일이 좋다. 밝은색의 상의와 어두운색의 하의로 색을 통해 보완하는 것도 바람직하다. 가능한 시선이 상의보다 하의로 유도할 수 있는 스타일링을 진행하는 것이 바람직하다.

■ **직사각형** rectangular

직사각형은 어깨너비와 엉덩이 폭이 비슷하며 어깨, 허리, 엉덩이, 대퇴부의 폭이 거의 일직선의 형태를 가진다. 대부분 가슴이 작고 납작하며 허리선이 뚜렷하지 않아 허리가 굵어 보이는 곡선이 없는 각이진 느낌의 체형이다. 직사각형은 전체적으로 각진 느낌이 강하므로 여성적인 분위기를 연출하는 것이 필요하다. 부드러운 실루엣을 형성하기 위해 상의와 하의에 모두 적당한 풍만감을 줄 수 있는 옷을 착용하여 곡선미를 표현하는 것이 좋다. 밝고 화사한 색상으로 허리와 배를 감싸며 흘러내리는 듯한 느슨한 곡선의 실루엣으로 스타일링을 하는 것이 좋다.

■ **모래시계형** hourglass

모래시계형은 상체의 어깨너비와 하체의 엉덩이 너비가 비슷하며 허리가 좁아 잘록해 보이는 체형으로 어깨, 등, 가슴, 엉덩이의 폭이 허리 폭보다 넓은 형태를 보인다. 이 체형은 어깨가 크고 등이 넓으며 가슴과 엉덩이가 볼륨감이 있으며 상대적으로 허리는 가늘어 여성스러운 균형미가 느껴지는 형태이다. 상반신과 하반신의 균형감이 잡혀 있으나 상대적으로 보이는 가는 허리에 의해 강조되어 보일 수 있어 그 차이를 보완하는 스타일링이 필요하다. 전반적으로 어떤 의복도 잘 어울리는 체형으로, 너무 강조하지 않는 스타일로 인체의 곡선을 살리며 가는 허리로 여성미를 드러낼 수 있는 자연스러운 스타일링이 좋다.

■ 다이아몬드형 diamond

다이아몬드형은 중간 몸통인 복부와 허리 부분이 어깨와 엉덩이 폭에 비교해 넓고 굵어 보이는 형태로 중년 이상의 체형에서 많이 보인다. 이 체형은 가슴과 엉덩이가 작고 허리와 복부가 크며 다리가 가늘어 전체적으로 조화가 이루어지지 않아 보인다. 다이아몬드형은 허리와 복부인 인체의 중간 부분이 무게감이 느껴지므로 이를 보완하는 균형감을 위한 스타일링이 필요하다. 허리를 강조하거나 조이는 의복은 굵은 허리에 적합하지 않으며, 전체적으로 자연스럽게 흘러내리는 스트레이트 형태의 의복이 바람직하다. 굵은 몸통을 보완하기 위한 스타일링으로 지나치게 화려한 색이나 광택 소재는 피하며 너무 가볍지 않은 적당한 두께의 소재로 레이어드 룩을 연출하는 것이 좋다.

■ 둥근형 round

둥근형은 상반신과 하반신이 전체적으로 둥그런 형태로 서구인에게 많이 보이는 체형으로 가슴, 허리, 엉덩이 부위가 모두 크고 둥근 형태로 나타난다. 이 체형은 등과 팔이 크고 둥글며 가슴, 몸통, 허리, 복부, 엉덩이, 다리 등이 모두 크고 배가 많이 나온 비만 체형으로 둥글고 부드러운 느낌을 준다. 둥근형은 전체적으로 살집이 있어 둔해 보이는 느낌을 줄 수 있어 이를 보완하는 각진 느낌을 전달할 수 있는 스타일링이 필요하다. 비만 체형은 액세서리로 포인트를 주어 인체로부터 시선을 분산시키고, 팽창되어 보이는 밝은색은 피하는 것이 좋다. 몸매가 드러나 보이는 가벼운 소재는 피하는 것이 좋으며 세로 선이나 절개선 등으로 가늘고 길어 보이도록 보완하는 것도 바람직하다.

② 보완을 위한 스타일링

■ 키와 체형에 따른 스타일링

- 키가 작고 마른 체형은 귀엽고 친근한 이미지를 줄 수 있어 이를 부각하여 스타일링 하는 것이 좋다. 체형의 왜소함을 보완하기 위해 다소 두께 감과 부피감이 있는 소재를 선택하거나 레이어드 스타일로 커버할 수 있으며, 키를 보완하기 위해 상의가 긴 옷 다리를 짧아 보이게 하므로 가능한 다리가 길어 보이도록 스타일링 하는 것이 바람직하다. 진하고 어두운색보다 밝은 색상을, 큰 무늬는 피하는 것이 좋으며, 체크나 넓은 간격의 스트라이프로 왜소한 체형을 가릴 수 있다.

- 키가 작고 뚱뚱한 체형은 작은 키와 몸매의 부피감을 보완하기 위해 수직 방향의 착시를 주는 의복을 선택하는 것이 좋다. 색상과 소재가 같은 정장이나 긴 일자 바지, V 네크라인으로 목선을 드러내거나 스트레이트 실루엣으로 시선을 상하로 유도하는 수직적인 효과를 주는 디자인이 좋다.

- 키가 크고 왜소한 체형은 허약해 보일 수 있어 너무 말라 보이지 않도록 하는 것이 필요하다. 밝고 화사한 색상으로 부피감을 줄 수 있으며 겹쳐 입는 레이어드 스타일이 효과적이다. 키가 큰 것은 보완점이라 할 수 없으나 마른 몸매가 드러나도록 스타일링 되지 않도록 유의한다. 수직적인 효과보다는 수평적인 장식이나 디테일이 있는 디자인이 좋다.

- 키가 크고 뚱뚱한 체형은 몸매의 부피감을 축소되어 보이도록 스타일링 하는 것이 필요하다. 어두운색으로 몸매를 수축시키는 효과를 줄 수 있으며, 허리가 약간 들어간 스타일이나 직선 느낌의 슈트를 착용하는 것이 좋다. 부피감이 있는 장식이나 디테일이 있는 디자인이나 몸매가 드러나는 타이트한 실루엣은 피하는 것이 좋다.

■ 신체 부위별 스타일링

- **목**: 목이 짧거나 굵은 경우에는 목 부분이 답답하게 보일 수 있어 목선이 드러나도록 하는 것이 좋다. 목선이 연장되어 보이는 V네크라인, U네크라인이 좋으며, 셔츠를 입을 때 단추를 풀어 목이 길어 보이게 하는 것이 좋다. 목 부분에 장식이나 디테일이 있어 부피감을 줄 수 있는 디자인은 피하는 것이 바람직하다. 긴

목의 경우 많이 드러나지 않도록 하이네크, 터틀 넥을 착용하여 보완하는 것이 좋다. 가늘고 긴 경우나 목이 굽은 경우에는 스카프로 연출하여 자연스럽게 목선을 커버하는 것이 좋다.

- 어깨: 어깨가 넓은 경우 강한 느낌을 줄 수 있어 어깨로의 시선을 다른 쪽으로 돌릴 수 있도록 시선을 세로로 유도하는 것이 좋다. 어깨 부위의 장식은 최소화하는 것이 좋으며, 어깨 부위에 절개선이 있는 디자인이나 소매이음선이 없는 디자인의 경우 효과적이다. 보트 넥이나 큰 칼라는 더 넓게 보이므로 피하는 것이 좋으며, 어두운색이나 세로 스트라이프를 사용하거나 조끼를 레이어링하는 것도 어깨가 좁아 보이는 효과를 줄 수 있다. 어깨가 좁은 경우 머리가 커 보이며 왜소한 느낌을 줄 수 있어 보완하는 것이 필요하다. 수평선의 효과가 있는 장식이나 디테일로 어깨를 넓게 보이도록 하는 것이 좋다. 각진 어깨 패드나 견장 장식, 퍼프 소매, 보트 넥, 숄 칼라 등과 같이 어깨를 보완할 수 있는 것이 좋다. 또는 어깨 주위에 시선을 집중되지 않도록 허리 부분이나 가방을 포인트를 주는 것도 좋다.

- 가슴: 가슴이 큰 경우 가슴 부위를 자연스럽게 감출 수 있는 스타일링이 바람직하다. 적당한 여유가 있는 상의로 저명도, 저채도의 색으로 착용하는 것이 좋으며 느슨한 박스스타일로 단추를 풀어 가슴 부위가 밀착되지 않는 것이 좋다. 가능한 가슴 부위에 포켓, 프릴, 등과 같은 장식이 있어 강조되는 디자인은 피하는 것이 좋다. 가슴이 작은 경우 가슴의 볼륨감을 줄 수 있도록 스타일링 하는 것이 좋다. 가슴 부위에 프릴, 셔링, 주름 드레이프 장식이 있거나 부피감을 줄 수 있는 소재를 사용하여 몸에 붙지 않는 스타일이 바람직하다.

- 허리: 허리가 긴 경우 길어 보이지 않도록 시선을 수평선으로 이동할 수 있는 디자인이나 하이웨이스트 의복으로 허리선을 위로 올려주는 것이 좋다. 넓은 목둘레나 칼라로 시선을 수평으로 유도하고 상의 부분에 포인트를 주는 디자인으로 시선을 위로 올려 단점을 보완한다. 허리가 짧은 경우 상체가 무거워 보이지 않도록 허리선이 낮게 디자인되었거나 허리선이 없는 디자인에 벨트를 느슨하게 걸쳐 허리선을 보완하는 것이 좋다. 허리가 길어 보이도록 로우웨이스트 디자인으로 스타일링 하는 것도 보완하는 방법이다.

- **엉덩이**: 엉덩이가 큰 경우 상반신은 볼륨감있는 디자인으로 엉덩이를 가리는 길이의 상의로 스타일링하는 것이 좋다. 하반신은 타이트하지 않고 여유가 있는 스타일로, 어두운색으로 축소되어 보이도록 하는 것이 좋다. 엉덩이가 작은 경우 엉덩이의 볼륨감을 줄 수 있는 스타일링이 필요하다. 엉덩이 부위에 볼륨감을 줄 수 있는 장식 포켓이나 디테일이 있는 디자인이 좋으며 개더스커트, 주름이 있는 바지도 좋다. 엉덩이가 처진 경우 엉덩이를 덮는 길이로 감추는 것이 좋으며 엉덩이가 드러나는 타이트한 바지나 스커트는 피하는 것이 바람직하다.
- **다리**: 다리가 짧은 체형은 길어 보이도록 보완하는 것이 필요하다. 이를 위해 상하 같은 색상을 착용하는 것이 좋으며 상의는 허리와 힙의 중간 정도의 길이가 적당하며 블라우스는 허리 안으로 입어 연출하는 것이 좋다. 하의는 긴 일자바지나 짧지 않은 스커트가 효과적이다. 다리가 굵은 경우 긴 길이의 바지나 스커트로 가려지도록 스타일링하는 것이 필요하다. 흐르는 듯한 소재나, 어두운색을 선택하는 것이 좋으며 세로 스트라이프나 절개선이 있는 바지나 스커트를 착용하는 것이 좋다. 다리가 휘었을 때 다리 선이 드러나지 않도록 몸에 밀착되는 소재는 피하는 것이 좋다. 여유 있는 스타일로 커버하거나, 다리를 감싸주는 롱부츠를 착용하는 것도 좋다.

9

패션 액세서리

Fashin Accessory

액세서리 유형과 스타일링 ┃ 얼굴형과 액세서리 ┃ 남성 액세서리 스타일링

액세서리는 장식용 도구를 일컫는 말로 '부속품', '보조품'의 뜻이 있다. 패션 액세서리란 복식을 보다 아름답고 돋보이도록 신체에 직접 쓰거나 걸거나 끼는 것, 붙이거나 매거나 늘어뜨리는 것을 말하며, 그 외에도 장식을 목적으로 하는 모든 소도구를 포함한다. 액세서리의 종류나 사용하는 방법에 따라 이미지를 다르게 연출할 수 있으며 패션의 분위기를 보완할 수 있다. 액세서리는 의상과 조화를 이루어 스타일링하며, 장소와 목적에 적합하게 사용하는 것이 좋으며 전체적인 통일감을 주면서 일부분에 포인트를 주는 연출도 가능하다. 의복의 형태가 단순화되면서 액세서리에 의해 다양한 분위기를 연출할 수 있어 자기표현을 위한 하나의 수단으로 생각하며 중요하게 인식되어 그 필요성이 강조되고 있다.

:: 액세서리 유형과 스타일링

액세서리는 실용적 액세서리와 장식적 액세서리로 구분한다. 기능적이고 실용적인 액세서리로는 가방, 구두, 벨트, 장갑, 단추, 모자 등을 들 수 있다. 장식적인 액세서리는 귀걸이, 목걸이, 브로치, 반지, 넥타이 등과 같이 반드시 착용해야 하는 것은 아니지만 의복에 분위기나 아름다움을 더하기 위한 것이다. 대부분 액세서리는 장식성과 기능성, 실용성을 모두 가지고 있다.

액세서리는 사용에 따라 의상과 착용자의 이미지를 변모시킬 수 있어 주의하여 활용해야 한다. 옷차림에 악센트와 변화를 줄 수 있고 시선을 자신 있는 부분으로 유도하여 자신의 개성을 표현할 수 있다. 그러나 공통점이 없는 것을 너무 많이 활용하거나 잘못 사용하게 되면 역효과가 날 수 있다. 액세서리 스타일링은 시간 장소 상황에 맞게 사용하는 것이 가장 중요하다. 직장과 파티의 액세서리가 다른 것과 같이 주요한 목적에 따라 진행한다. 이와 함께 의상에 맞추어 액세서리를 사용해야 한다. 이는 패션의 이미지와 분위기를 따라 연출하는 것으로, 의복의 소재와 색도 함께 고려해야 한다. 또한, 스타일링의 강조점은 한 곳에만 주어야 한다. 액세서리는 아름다움을 더해주기 위한 것으로 전체적으로 통일감을 부여하거나 한 곳에만 포인트를 주어 개성적인 연출을 하는 것이 좋다.

① 가방 bag

가방은 지갑이나, 화장품, 손수건, 수첩 등과 같은 생활용품을 넣고 다닐 수 있는 실용적인 아이템이다. 가방의 재료로 가죽·천·비닐·인조피혁 등이 많이 쓰이며 알루미늄, 철제 등 다양한 재료도 사용된다. 모양은 다양하나 대부분 사각형이며 크기는 20cm 이상 70~80cm로 여러 가지가 있다. 손에 들고 다니는 것, 어깨에 메고 다니는 것, 밑에 바퀴를 달아 끌고 다니는 것 등 용도에 따라서 모양, 구조, 크기가 다양하다.

■ 종류

- **트렁크**trunk: 상자형으로, 의복·지도 등을 넣는 여행·보관용이다
- **브리프케이스**briefcase: 서류를 넣는 가방으로 비즈니스에 쓰이는 손잡이가 있는 가죽 가방을 총칭한다. 보통 사무용으로 사용된다.
- **보스턴 백**Boston bag: 가장 많이 쓰이는 가방(가죽·헝겊·비닐)으로 원래는 미국 보스턴대학 학생들 사이에 유행했던 것인데, 한때 트렁크를 대신하여 여행용 가방으로 많이 사용되었다.
- **슈트케이스**suitcase: 상자형으로, 의복류를 넣으며, 재료는 가죽·라텍스·플라스틱 등이 있다.
- **가제트 백**gazette bag: 어깨에 메는 가방으로, 보통 카메라나 그 부속품 휴대용이다.
- **화장 케이스**: 여행용 화장품을 넣는 작은 가방형의 용기이다.
- **토트 백**tote bag: 여성용 대형 핸드백으로 윗부분이 트이고 두 개의 손잡이가 달려 있다.
- **샤넬 백**chanel bag: 샤넬이 고안한 언벨로프(envelope) 타입(뚜껑이 붙어 있는 타입의 백)의 숄더백으로 가죽을 퀼팅 한 것과 금줄 체인이 특징적으로 보인다.

트렁크	브리프케이스	보스톤 백
슈트케이스	토트 백	샤넬 백

출처: https://search.naver.com

■ 스타일링

가방은 실용적인 아이템이면서 스타일링을 효과적으로 완성할 수 있는 중요한 액세서리다. 크기는 키와 체형을 고려하여 연출하는 것이 좋다. 키가 작은 사람은 부피가 크고 길이가 긴 가방은 피하는 것이 좋다. 이는 긴 끈이 가방의 위치가 밑에 있어 시선을 아래로 유도하므로 더 작아 보일 수 있다. 체형이 뚱뚱한 경우 소재가 너무 부드럽거나 둥그런 가방은 몸 일부처럼 보이며 더욱 커 보일 수 있어 피하는 것이 좋다. 색상은 의복이나 구두에 맞추어 선택하는 것이 좋으나 반드시 같을 필요는 없다. 기본적으로 검정, 흰색, 브라운 등은 갖추어 놓는 것이 좋으며 의복과 잘 맞는다면 어떤 색이든 구애받지 않아도 된다. 정장용이나 사무용은 형태가 고정된 박스스타일이 더 잘 어울리며 캐주얼이나 스포츠용은 장식이 없는 단순한 형태로 물건을 넣고 들고 다니기 편리한 것이 적합하다.

② 구두 shoes

발을 감싸는 신발의 총칭으로 발의 보호와 장식을 겸하여 다양한 디자인으로 나타나고 있다. 발등까지 감싸는 신을 구두로, 개방형 신발을 샌들로, 발목보다 위로 올라오는 것을 부츠라고 한다. 현대에는 구두는 기본적으로 기능성이 바탕을 이루고 여기에 패션성이 중시되어 나타나고 있다. 구두는 착용자의 기본적 특성, 삶의 동력 의지, 분위기 등을 나타내기도 한다.

■ 종류

- **펌프스**pumps: 퍼나 끈이 없고 발등이 파임
- **메리 제인 슈즈**mary jane shoes: 발등에 스트랩이 있고 앞코가 둥근 형태의 구두
- **슬링백**sling-back: 발뒤꿈치 부분이 벨트인 구두
- **플랫 슈즈**flat shoes: 굽이 낮은 평평한 단화
- **뮬**mule: 슬리퍼 형태의 구두, 여름 샌들
- **통**thong: T자 디자인 샌들
- **웨지힐**wedge heel: 쐐기형의 굽이나 힐이 붙은 구두
- **플랫폼**platform: 힐 뿐 아니라 밑창 전체가 높은 구두
- **부티**bootee: 발목까지 오는 부츠
- **부츠**boots: 발목 이상 올라간 긴 신발
- **글래디에이터 슈즈**gladiator shoes: 발목까지 가죽끈으로 여러 번 동여맨 구두

| 펌프스 | 메리제인슈즈 | 슬링백 |

플랫슈즈 뮬 통

웨지힐 플랫폼 부티

출처: https://search.naver.com

■ 스타일링

기능적이며 장식적인 기능이 모두 중요한 아이템으로 가장 중요한 것을 발이 편안
해야 한다는 것이다. 신발을 구매할 때는 발이 부어있는 오후가 적당하며 안정감
을 주는지 발등이나 볼이 여유가 있는지 확인하는 것이 필요하다. 구두는 의복의
스타일과 색상을 고려하여 선택하는 것이 좋으며, 중요한 것은 시각적 중량감이다.
너무 무겁거나 가벼워 보이지 않는 것이 좋으며 가능한 의복의 색과 너무 차이나
지 않는 것이 좋으며 의복 색보다 진한 색이 안정적이다. 굽이 높은 구두는 다리를
길어 보이게 할 수 있지만 키가 작은 경우 너무 높은 굽은 어색할 수 있다. 또한,
앞 코 모양이 길고 유선형이거나 발등 파임이 길수록 다리가 길고 가늘어 보인다.

③ 모자 hat

모자는 추위나 더위로부터 머리를 보호하는 기능성과 장식적 또는 사회적 지위의 상징으로서 머리에 쓰는 것을 총칭한다. 모자의 구조는 머리를 덮는 부분인 크라운crown과 차양처럼 나온 부분인 브림(brim)으로 구분되어 있다. 구조상 브림이 있는 것을 햇(hat), 없는 것을 캡(cap)으로 구분한다. 모자는 쓰고 있는 상태에서 이마에 손가락 두 개가 들어가는 정도의 여유가 있는 것이 적절하다.

■ 종류

- 베레beret: 한 장의 울이나 펠트로 만들었으며, 머리에 밀착되는 형태이다. 프랑스 남쪽에서 남성을 위하여 검정과 감색으로 만들어 썼으나 요즈음은 스포츠용으로 쓰고 빛깔도 다양하다.
- 비니beanie: 두건처럼 머리에 딱 맞게 뒤집어 쓰는 니트 모자로 보온성과 패션성을 가미하여 계절과 상관없이 남녀 상관없이 젊은 층에 애용되고 있다.
- 보닛bonnet: 여성·아동 또는 유아를 위하여 부드러운 천으로 만들며, 뒤에서부터 머리 전체를 감싸고 주로 턱밑에서 끈으로 매며 모자 가장자리를 러플로 장식한다.
- 세일러 햇sailor hat: 크라운이 여러 쪽의 삼각형 천으로 되어 있으며 위로 꺾인 브림에 스티치를 박은 스타일이다. 또는 편평한 크라운과 스트레이트 브림이 달린 스타일도 있다.
- 클로슈cloche: 프랑스어로 종의 뜻으로, 크라운이 높고 브림이 없거나 아주 좁게 달렸으며, 짧은 머리일 경우 모두 감싸게 되었으며, 거의 눈썹 아래까지 눌러 쓰는 것이 특색이다. 1920년대와 1960년대에 유행한 종 형태와 비슷한 스타일의 모자이다.
- 터번turban: 중동 아시아나 인도에서 쓰는 터번을 모방하여 서양 여성들이 이브닝드레스에 맞춰 쓰는 모자이다. 1930년대와 1970년대에 많이 유행하였다.
- 토크toque: 작고 부드럽고 브림이 없으며 주름이 많이 잡혀 있어 머리에 꼭 맞게 되어 있다. 19세기에 이브닝드레스를 착용할 때 함께 썼으며, 꽃이나 베일로 장식하였다.

- **페즈**fez: 크라운의 중심에 길고 검은 비단 실 술이 늘어져 있는 사다리꼴의 빨간 펠트 모자로 터키모자라고 한다. 시리아인·팔레스타인인·알바니아인들이 많이 썼으며, 술 없이 여성용 모자로도 쓴다. 모로코의 페스(Fez)라는 도시에서 유래한 명칭이다.
- **필박스**pillbox: 브림이 없는 고전적 둥근 여성용 모자로서 아무런 장식도 달지 않는다. 둥근 약상자 같다 하여 붙여진 이름이다.

베레   비니   보닛

클로슈   필박스   세일러 햇

출처: https://search.naver.com

■ 스타일링

모자는 얼굴과 가장 가까운 위치에 착용 되는 액세서리로 얼굴 이미지에 영향을 줄 수 있는 아이템이다. 평범한 옷차림을 다른 분위기로 전환 시킬 수 있는 패션성을 끌어낼 수 있는 중요한 품목이다. 얼굴 모양이나 헤어스타일, 의복과 전체적인 조화를 고려하여 선택하는 것이 좋으며 모자의 종류는 다양하므로 때와 장소, 분위기에 적절하게 어울리는 것을 선택할 수 있는 안목이 필요하다. 키가 큰 사람은 모자가 잘 어울리는 편으로, 특히 브림이 넓은 형태, 장식이 큰 모자가 잘 어울린다. 키가 작은 경우 브림이 좁고 크라운이 높은 모자로 키가 커 보이는 효과를 줄 수 있으며 장식이 작은 것이 좋다. 긴 얼굴에는 모자를 앞쪽으로 눌러 착용하여 얼굴을 가려주는 연출도 가능하다.

4 벨트 belt

벨트는 끈이나 대 모양으로 허리를 죄어 복장을 정리하는 동시에 실루엣을 살리는 실용성과 장식성을 겸한 아이템이다. 벨트는 장식적으로 유행하거나 베이직한 실용적인 품목으로 버클의 역할이 중요하다. 재질은 계절에 따라 다르며, 여름에는 에나멜로 광택이나 시원한 느낌을 주며, 겨울에는 따뜻한 느낌을 주는 가죽, 모피 등이 사용된다.

■ 스타일링

벨트는 실루엣을 정리하며 장식적인 아이템으로 활용되고 있다. 벨트를 착용할 때 너무 조여 살들이 밀려 올라가거나 내려가므로 뚱뚱해 보이지 않도록 주의한다. 키가 작은 사람을 너무 대조되는 색이나 넓은 폴의 벨트는 수평으로 시선을 유도하므로 피하는 것이 좋다. 폭이 넓은 경우 상체가 짧아 보이게 하고 허리는 더 굵게 보인다. 헐렁한 벨트는 몸체가 길어 보이며 하의 색과 같은 벨트는 다리를 길게 보이므로 결점을 보완하는 스타일을 연출할 수 있다. 꼬아서 만든 가죽 벨트나 천을 만든 벨트는 캐주얼용으로 적합하며, 체인벨트는 허리선에 변화를 줄 수 있는 연출이 가능하다.

5 스카프 scarf

스카프는 방한과 장식을 목적으로 하며, 목에 감거나 어깨, 허리에 두르거나 머리에 쓰는 정방형의 천이다. 매는 방법에 따라 다양한 분위기를 연출할 수 있으며 광택이 있는 부드러운 소재를 일반적으로 사용하며 두께가 있는 천, 울, 면 등도 가능하다.

■ 종류
• 머플러muffler: 스카프나 스톨과 같이 목에 두르는 것으로 방한용으로 두꺼운 재질을 사용한다.

- **숄**shawl: 어깨 덮개를 의미하며 삼각형, 정방형 등 여러 가지 형태가 있다.

■ 스타일링

스카프는 소재와 색상, 매는 방법에 따라 다양하게 연출할 수 있다. 머리, 목, 어깨, 허리 등에 착용할 수 있고 다양하게 변화 있는 연출이 가능하여 옷에 새로운 분위기를 만들기도 한다. 크기가 큰 스카프는 숄처럼 착용하거나 스커트처럼 허리에 묶을 수 있으며, 두건처럼 머리에 쓰거나 터번모양으로 감아 연출할 수 있다. 손수건 모양의 작은 스카프는 손목에 묶어 스포티하게 연출하거나 목에 묶어 포인트를 줄 수 있다. 스카프의 색은 얼굴색을 밝게 살리는 색이 좋으며 다양한 색감의 무늬의 경우 주가 되는 색이 의복 색과 조화를 이루도록 연출한다. 키가 작은 경우, 긴 스카프를 아래로 늘어뜨리는 것보다 작은 스카프로 목 주위에 착용하는 것이 키를 커 보이게 하며, 목이 짧은 경우에는 폭이 너무 넓지 않은 것이 좋다. 의상과 유사한 색의 스카프는 우아하고 단정해 보이며 보색의 경우에는 화려해 보인다.

⑥ 양말 socks, 스타킹 stocking

양말과 스타킹은 다리와 발을 따뜻하게 하기 위한 보온 기능에서 시작되었다. 시대가 변하면서 장식적인 효과를 위한 다양한 디자인이 나타났고, 나일론의 등장은 신축성을 더하며 패션성을 추가할 수 있었다. 양말은 넓적다리보다 긴 것을 스타킹으로 그보다 짧은 것은 삭스로 나누어 구분한다. 스타킹은 팬티스타킹, 타이즈로, 삭스는 앵클삭스, 니 삭스, 오버 니 삭스 등의 종류가 있다.

⑦ 장갑

장갑은 손을 보호하기 위해 만들진 것에서 시작하였다. 노동계급의 신분을 상징하기도 했던 장갑은 16세기경부터 여성의 필수품으로 사용되며 장식적으로 변모하였다. 현대에 이르러 장식보다는 방한과 보호를 위한 기능적인 장갑이 중시되며 다양한 역할을 하는 특수 장갑도 나타나고 있다. 장갑은 손가락이 나누어 있는 것과 엄지손가락과 나머지 네 개의 손가락으로 나누어진 장갑으로 구분되며, 길이에 따라 명칭이 나누어진다.

■ 종류

- **건틀릿 gauntlet**: 손목 부위가 벌어져 있는 장갑의 총칭으로 중세 기사의 장갑에서 유래됨
- **미튼 mitton**: 벙어리 장갑으로 니트로 만들어진 것이 많다. 주로 아동용, 스포츠용으로 사용된다.
- **쇼티 shocie**: 손목 길이의 장갑을 말한다.
- **암랭스 arm length**: 팔꿈치 위까지 오는 길이의 장갑. 칵테일이나 이브닝드레스에 주로 착용한다.

8 안경 glasses

안경은 원래 눈을 보호하거나 시력 장애를 보완하기 위해 기능적으로 사용되었다. 안경의 구조는 가장 주된 렌즈(lens)와 렌즈를 싸고 있는 윤곽으로 프레임(frame), 렌즈와 렌즈 사이의 연결 부위인 브리지(bridge)로 구분된다. 오늘날은 점차 기능보다 렌즈나 프레임에 색과 장식을 넣어 변형을 주어 다양한 디자인으로 패션에 치중하고 있다.

■ 종류

- **고글 goggles**: 먼지나 바람으로 눈을 보호하기 위한 보안경. 스키를 탈 때나 비행사에서 사용 되던 것에서 대중화된 것임.
- **선글라스 sun glasses**: 강한 햇빛으로부터 눈을 보호하기 위해 색을 입힌 렌즈를 사용한 안경으로 비행사의 고글에서 시작.
- **패션글라스 fashion glasses**: 액세서리로 사용되는 안경의 총칭.

9 장신구 jewelry

반드시 착용해야 하는 것은 아니지만 장식적인 것에 치중하여 스타일링에 아름다움을 더하기 위해 몸에 부착하는 것을 의미한다. 주얼리는 금속과 원석 부분으로 구성되어 세공을 통해 등급이 나누어진다. 또한, 보석이 아닌 플라스틱, 나무, 유리 등과 같은 재료도 사용하면서 점차 대중화되었다. 장신구는 목걸이, 귀걸이, 팔찌,

반지, 브로치 등을 들 수 있다.

■ 목걸이 neck lace

목에 붙이는 장식으로 처음에는 힘과 용맹을 상징하는 짐승의 뼈나 이빨을 목에 걸었던 것에서 유래되었다. 주술성과 계급과 신분의 상징적인 요소로 사용되었으나 점차 다양한 재료와 길이로 장식적으로 변모되었다.

■ 귀걸이 earring

얼굴에 가장 가깝게 사용되는 장식으로 16세기에는 남성용으로 착용 되다가 현대에서는 여성 위주로 사용되고 있다. 귀걸이는 보석으로만 만들었으나 2차 세계대전 이후 형태와 재료가 다양해졌으며 귀에 붙이는 것과 길게 늘어뜨리는 형태로 두 가지 종류가 있다.

■ 팔찌 bracelet

손목에 착용하는 장식으로 의복이 노출이 많고 단순한 시대에서 볼 수 있다. 고대 이집트인은 남녀 모두 착용했으며, 12세기 정도부터 여성만 착용하는 것으로 보인다. 전통적인 소재로는 금과 은을 들 수 있으며 현대에서는 다양하고 화려하며 색감과 소재를 사용하고 있다.

:: 얼굴형과 액세서리

얼굴형이란 얼굴의 개성을 나타내는 하나의 척도라고 할 수 있다. 액세서리를 이용하여 개인의 얼굴형에 따라 단점을 보완하고 장점을 부각할 수 있는 모습으로 연출하는 것이 좋다. 얼굴형은 일반적으로 둥근형, 사각형, 역삼각형, 다이아몬드형, 긴 형으로 다섯 개의 유형으로 나누어진다. 얼굴 부위에서 이루어지는 액세서리 아이템은 모자, 장신구(귀걸이, 목걸이), 안경을 위주로 연출한다.

① 둥근형 round face

둥근형은 얼굴의 삼등분에서 중간 부분이 가장 넓고 너비와 길이가 거의 비슷하다. 양턱은 각이 없이 곡선을 이루고 있으며 헤어라인도 둥글다. 전형적인 동양적인 얼굴로 귀엽고 젊어 보이며 낙천적이고 인정이 있는 느낌을 준다.

■ 액세서리

- 모자는 크라운이 높고 브림이 중간 정도의 비교적 큰 모자가 어울린다. 브림이 각지거나 비대칭인 모자가 둥근 얼굴을 커버할 수 있다. 크라운 폭이 얼굴 폭보다 좁은 모자는 피한다.
- 목걸이는 길게 늘어뜨리거나 각진 형태의 팬턴트(pendant)가 어울리며 귀걸이는 세로라인인 드롭(drop)형이나 오벌(oval)형이 적당하다
- 안경은 각이 있거나 렌즈와 렌즈사이가 좁고 두꺼운 안경테의 디자인이 어울린다.

② 사각형 square face

얼굴의 삼등분 각 부분의 너비가 같으며 얼굴 길이가 짧은 편이며, 헤어라인은 수평으로 양턱은 돌출되어 있고 각을 이루는 형이다. 여성스러운 분위기보다 건강하고 활발하며 강한 의지가 있는 이미지를 주므로 고집스럽고 외골수처럼 보일 수도 있다.

■ 액세서리

- 모자는 크라운이 둥근 형태나 자연스러운 러플의 브림으로 얼굴의 인상을 부드럽게 만들 수 있어좋다. 비대칭형의 브림도 개성 있게 연출할 수 있다.
- 목걸이나 귀걸이는 둥근형이나 부드러운 분위기의 드롭형의 디자인이 적당하다.
- 안경은 타원형의 디자인이 적합하며 양 끝이 올라간 캣아이(cat eye) 형태도 어울린다.

3 역삼각형 inverted triangular face

이마가 넓고 턱 부분이 좁으며 선이 뾰족한 형태로 얼굴 길이가 너비보다 짧게 느껴지는 형으로 헤어라인은 수평을 이루는 편이다.

■ 액세서리

- 모자는 대부분이 잘 어울리는 형이며 특히, 둥근 느낌의 디자인의 경우 더 어울린다. 지나치게 넓은 브림과 위로 갈수록 뾰족한 크라운은 역삼각형의 얼굴을 더 부각할 수 있어 피하는 것이 좋다.
- 목걸이나 귀걸이는 드롭형의 사각형, 둥근형이 적합하다.
- 안경은 넓어 보이는 이마를 커버할 수 있는 타원형이나 원형의 디자인이 적당하다.

4 다이아몬드형 diamond face

얼굴의 중앙 부분이 넓게 돌출되어 보이는 형으로 얼굴 상하 부분이 좁은 형태이다. 헤어라인은 관자놀이에서 시작해서 이마의 중앙이 뾰족하며 높다. 얼굴에 살이 없어 광대뼈가 튀어나와 보이는 형으로 마른 사람에게 흔히 볼 수 있다. 갸름한 형으로 현대적이면서 차분하고 지적인 얼굴로 보일 수 있으며 예리한 인상을 줄 수 있으나, 마르고 각진 얼굴로 신경질적이고 차갑게 보일 수도 있다.

■ 액세서리

- 모자는 얼굴을 부드럽게 감싸는 형태가 좋으며 크라운 폭이 넓거나 좁아도 광대뼈가 두드러져 보일 수 있으니 주의해야 한다.
- 목걸이나 귀걸이는 약간 드롭형으로 아기자기한 귀여운 느낌의 부드러운 디자인이 적합하다.
- 안경은 광대뼈를 커버할 수 있는 좋은 아이템으로 타원형이나 안경테가 없는 것이 적합하다.

5 긴형 oblong face

얼굴의 삼등분 너비가 거의 비슷하며 좁고 갸름한 형으로 이마나 턱이 길게 발달되어 있고 코가 긴 편이다. 고전적인 분위기를 보이며 지적이며 성숙하며 침착한 인상을 준다. 반면, 현대적이거나 발랄한 생동감을 보이기 어려운 얼굴형이다.

■ 액세서리

- 모자는 크라운이 낮고 브림이 있는 모자를 눈썹 위 정도로 눌러쓰는 것이 어울린다. 크라운이 좁고 길며 브림이 위로 말려서 길게 보이는 디자인은 피하는 것이 좋다.
- 목걸이와 귀걸이는 목에 감는 끈이나 큰 진주 등과 같은 둥근 형이 어울린다.
- 안경은 원형과 사각형의 디자인이 모두 잘 어울리며, 시선을 분산시킬 수 있는 모서리 부분의 둥근 웰링턴(wellingto) 형태의 디자인이 적합하다.

:: 남성 액세서리 스타일링

남성 액세서리는 원래 양복을 입는 데 필요한 부속적인 품목으로 이와 같은 액세서리 없이는 스타일링의 완성이 이루어지지 않는 것을 의미한다. 셔츠부터 넥타이, 벨트, 양말, 신발과 타이 홀더, 칼라 링크스, 스카프, 서스펜더, 모자, 장갑 등 다양한 액세서리가 더해지면 넓은 의미의 남성 액세서리로 설명할 수 있다. 남성 복식의 엄격하고 딱딱한 분위기에서 젊고 위트 있는 균형을 갖춘 차림으로 바뀌면서 점차 외모에 관한 관심이 높아지고 있다. 이에 남성복에서 액세서리의 중요성과 역할이 점점 커지고 있다. 남성들의 스타일이 격식보다 패션성을 더 중시하게 되면서 액세서리는 남성의 스타일링에 개성을 표현할 수 있는 좋은 요소이며 방법이다. 패션 액세서리는 보통 여성의 전유물로 생각하기 쉬우나 액세서리 대부분이 남녀공용으로 사용하고 있다. 남성 액세서리의 대표적 아이템은 넥타이이며 이외에 모자, 가방, 벨트, 구두, 양말, 머플러, 기타 장신구(포켓 행커치프, 타이 홀더, 커프 링크스 등)가 있다.

☐ 넥타이 | neck tie

넥타이는 남성 정장에 있어 개성과 취향을 자유롭게 표현할 수 있는 품목으로 장식적인 목적을 가지고 있다. 넥타이의 종류는 보우 타이와 묶는 방식의 포인핸드 타이로 구분되며, 너비과 길이는 시대에 따라 다르게 유행한다. 보통 길이는 137~147cm 내에서, 너비는 유행에 따라 7~9cm 내에서 선택한다. 폭에 따른 분류는 4~6cm로 좁은 것은 슬림넥타이(slim tie)로, 8cm 폭은 레귤러넥타이(regular tie)로, 10cm 이상은 와이드넥타이(wide tie)로 구분한다.

넥타이는 얼굴과 가까운 곳에 위치하므로 인상형성에 영향을 주는 중요한 아이템이다. 그러므로 넥타이의 색과 패턴은 슈트와 조화를 이룰 수 있는 것으로 선택하는 것이 중요하다. 슈트와 유사한 색은 차분하고 단정한 인상을 줄 수 있고, 슈트와 반대되는 색은 강렬한 느낌을 연출할 수 있다. 넥타이의 무늬는 스트라이프, 체크, 페이즐리, 도트 등이 대표적인 패턴이다. 점잖은 분위기를 위해서는 작은 패턴의 무늬가 적당하고, 격식을 갖추어야 할 자리에서는 스트라이프나 기하학 패턴을 차분한 색으로 선택하는 것이 좋다. 꽃무늬나 큰 패턴은 포인트로 화려한 분위기를 연출할 수 있다.

넥타이를 매는 방식에 따라 매듭의 모양이 다르므로 분위기와 스타일에 맞추어 활용할 수 있다. 일반적으로 셔츠 칼라의 벌어진 각도가 작은 경우에는 매듭을 가늘게, 큰 경우에는 매듭을 굵게 하므로 비율을 맞게 하여 안정적으로 연출할 수 있으며, 매듭의 활용으로 감각 있는 연출도 가능하다.

플레인노트 plain knot		
하프윈저 harf windsor knot		
윈저노트 windsor knot		
더믈노트 double knot		
더블 크로스 노트 double cross knot		

출처: https://blog.naver.com/skyms1357/222577367714

② 구두

남성의 구두는 인격과 멋의 마무리이다. 구두는 재질이 좋은 것을 선택하여 잘 손질하여 신는다. 슈트에는 정장용 구두를, 정장이 아닌 경우에는 캐주얼한 구두를 신는 것이 일반적이다. 그러나 최근 스타일링의 변화로 슈트에 스니커즈를 신는 믹스 스타일링으로 활동적이고 스타일리시한 이미지를 연출하기도 한다. 슈트 차림의 구두는 슈트의 색과 같거나 어두운색을 신는 것이 좋다.

■ 종류

- 플레인 토plain toe: 구두 코에 꾸밈이 없음
- 윙팁wing tip: 날개 모양의 구두코
- 몽크 스트랩monk strap: 갑피에 버클과 벨트가 달림
- 스트레이트 팁straight tip: 구두 앞 끝에 일직선 이음매가 있음
- 모카신indian moccasin: 털이 발등을 덮음
- 더비derby: 레이스업 슈즈 위에 가죽 덧댐
- 로퍼loafer: 모카신의 변형 형태, 발등에 가죽을 덧댐
- 태슬assel: 술장식을 부착함
- 보트 슈즈boat shoes: 고무 밑창 단화 유래, 편안하고 활동적임

플레인 토　　　　　　윙팁 92154627　　　　　스트레이트 팁

출처:https://blog.naver.com/cktoeic/70172494047

몽크 스트랩　　　　　　모카신　　　　　　　더비

출처: https://blog.naver.com/　　　출처:https://blog.naver.com/bnlm73861/221185561791
since830109/220311542476

로퍼　　　　　　　　태슬　　　　　　　보트슈즈

출처: https://blog.naver.com/bnlm73861/221185561791

③ 벨트와 양말

남성 벨트는 단순한 디자인으로 버클이 세련된 것이 좋으며, 슈트와 캐주얼 차림에 따라 구별하여 착용하는 것이 바람직하다. 벨트의 색은 구두나 슈트의 색에 맞추는 것이 좋으나 대체로 검정, 청색, 회색계열의 슈트는 검은색을 사용하며 갈색 슈트에는 갈색 벨트를 사용하는 것이 좋다.

양말은 슈트의 격식 정도에 따라 고급스러운 것을 선택한다. 양말의 색은 바지 색에 맞추는 것보다 구두 색에 맞추는 것이 좋다. 캐주얼한 차림에는 미적 감각을 드러낼 수 있는 아이템으로 자유롭게 색과 패턴을 선택할 수 있다. 그러나 흰 양말은 스포츠용이므로 슈트 차림에는 착용하지 않는 것이 바람직하다.

출처: https://search.naver.com

④ 가방과 모자

남성의 가방은 실용적 기능 측면이 강한 편으로 주로 서류, 펜, 명함, 안경 등을 넣고 다니는 용도인 브리프 케이스를 많이 활용한다. 캐주얼한 차림에는 제한을 두지 않으며 목적과 상황에 따라 다양한 디자인의 가방을 선택할 수 있다.

모자는 20세기 이전의 남성 슈트 차림에 모자는 필수품으로 반드시 착용해야 하는 것이었으나 현대에는 일반적으로 착용하지 않는다. 정장용이나 레저, 스포츠용과 같이 목적과 상황에 따라 착용하며 캐주얼한 차림에는 남녀 모두에게 스타일링을 위해 빼놓을 수 없는 요소이다.

■ 종류

- **보터** boater: 편평하고 둥근 크라운과 브림이 있으며, 리본으로 장식하는 밀짚모 자다. 19세기 말~20세기 초 남성들이 보트를 탈 때 애용하였다.
- **볼러** bowler: 둥근 크라운과 양 옆이 약간 올라간 좁은 브림이 달린 형태로서 빳 빳하며 주로 검정 펠트로 만든 모자이다. 원래는 영국의 비즈니스맨이 정장 차 림을 할 때 쓴 것으로, 미국의 더비와 비슷하다. W.볼러가 1850년경에 디자인 해서 생긴 이름이다.
- **브르통** breton: 주로 머리 뒤로 쓰며, 브림이 중간에서 휘말려 올라가 얼굴이 보이 도록 된 스타일이다. 프랑스 브르타뉴 지방 농민이 쓰던 모자에서 유래되었다.
- **캡** cap: 얼굴 앞쪽으로만 챙이 있는 모자로 누구나 착용할 수 있으며 종류가 다양 하다.
- **탑** top: 높고 편평한 크라운과 양 옆으로 약간 휘어 올라간 좁은 브림의 남성용 모자이다. 주로 윤기가 나는 검정 실크로 만든 정장 차림의 모자이다.
- **파나마모자** panama hat: 곱고 옅은 빛깔의 파나마풀로 만든 모자가 본래의 것이나, 오늘날은 파나마풀과 비슷한 섬유로 만든 것도 이렇게 부른다. 여름에 쓰는 남 성용 모자이다.

보터   볼러   캡

파나마   탑 햇   출처: https://search.naver.com

5 포켓 행커치프 pocket handkerchief

포켓 행커치프는 남성 정장의 왼쪽 가슴 주머니에 꽂는 장식용 손수건이다. 슈트의 격식을 완성하는 액세서리로 포켓치프의 모양은 삼각형, 사각형, 퍼프형으로 장식 방법이 다양하다. 포켓치프는 넥타이 소재나 색상과 잘 어울리도록 연출하는 것이 좋으며 포켓 안이 불룩하지 않게 접어야 하며 포켓 위로 4cm이상 나오지 않도록 하는 것이 좋다.

■ 종류

- **TV홀더**: 사각형 스타일
- **크러쉬드 스타일** crushed style: 치프의 각을 위로해서 아무렇게 꽂은 듯한 스타일.
- **삼각형** triangular: 삼각형의 각이 하나만 보이는 것.
- **쓰리피크** three peak: 삼각형의 각이 3개보이는 스타일로 포멀한 스타일에 적합하다.
- **퍼프 스타일** puff style: 접지 않고 볼륨감을 주어 꽂은 방법으로 아이비 폴드라고도 함.

크러쉬드　　　　　쓰리피크　　　　　퍼프스타일

출처: https://blog.naver.com/fotton051/221743923311

6 타이 홀더 tie holder, 커프 링크스 cuff links

타이 홀더는 넥타이를 고정하기 위한 것으로 넥타이 핀, 타이 클립이라고도 한다. 넥타이가 움직이지 않도록 셔츠 앞단에 고장시키며 멋을 내기 위한 장식으로 v존에 포인트를 주는 액세서리이다. 타이 홀더는 넥타이와 어울리도록 지나치게 크거나 화려하지 않는 스타일이 좋으며 단순하고 은은한 것이 무난하다.

커프 링크스는 남성 셔츠의 소맷단을 고정하는 장식품으로 이를 착용하기 위해 소매의 커프스에 링크스가 통과할 수 있는 구멍이 필요하다. 타이홀더와 세트로 사용되며 같은 소재를 사용한다. 주로 금속성 소재를 사용하며 보석을 사용하여 장식적으로 만든다.

타이홀더

커프 링크스

출처: https://search.naver.com

7 머플러

남성복에서 머플러는 넥타이와 같이 활용되는 장식용 아이템이다. 착용 방법으로 가슴 부분에서 한번 묶거나, 묶지 않고 겹쳐 두르는 법, 앞에서 묶지 않고 교차하여 끝을 바지 안에 넣는 법, 한쪽은 가슴 부분에 늘어뜨리고 다른 한쪽은 반대편 어깨로 넘기는 법 등이 일반적인 방법이다.

출처: https://search.naver.com

10

색채 심리

Color Psychology

색의 이해 ┃ 색의 상징과 연상 ┃ 컬러 이미지 배색과 연출 ┃ 컬러 심리 치유

:: 색의 이해

색은 빛의 스펙트럼 현상으로 구별되어 인지되는 광학적, 물리적 현상이며 지각색의 총칭으로 사용된다. 색채는 물체의 개념을 포함하여 지각과정에 의한 심리적인 변화도 포함 한다.

물리학적으로 색은 빛이며, 다양한 빛의 파장 중 인간이 지각할 수 있는 380nm~780nm 범위를 가시광선(Visible Lignt)이라 부른다. 우리가 색을 보기 위해서는 빛(광원)과 물체, 시각(눈)이 있어야하며, 이를 색 지각의 3요소라 말한다. 눈에 보이는 색은 3 가지로 분류할 수 있다. 광원의 빛을 보는 경우, 물체에서 반사 또는 흡수하여 보는 경우, 물체를 투과하여 보는 경우이다. 우리가 보는 대부분의 색은 물체가 빛을 반사 하거나 흡수하여 보이는 경우이며, 붉은 장미가 빨갛게 보이는 것은 가시광선의 빨간 파장만 반사되고 나머지 파장은 흡수되기 때문이다. 가시광선의 모든 빛이 반사가 되면 흰색으로, 모든 빛이 흡수가 되면 검정색으로 보이게 된다.

색채는 물체의 색이 망막에 의해 지각됨과 동시에 발생되는 느낌과 연상, 상징 등의 경험의 효과가 더해지는 것으로 빛에 의해 발생되는 물리적인 지각현상의 색을 보고, 느끼고 해석되어 도출된 심리적인 현상이다. 인간의 대뇌에는 색채에 대한 경험과 지식이 축적되어 있어 특정한 색에 대한 자극이 주어지게 되면 객관적인 색 정보에 기존 정보가 연합되어 특정 색에 대한 감정을 느끼게 된다. 따라서 동일한 색을 보게 되더라도 보는 사람에 따라 색채는 언제나 다르게 해석될 수 있다.

① 색의 3속성 3 properties of color

■ 색상 hue

빨강, 노랑, 파랑 등 다른 색과 구별되는 고유의 성질을 말하여 유채색에만 있다. 색상의 변화를 표시하기 위해 여러 유채색을 둥글게 배열한 것을 색상환이라 말하며 가장 가까운 거리에 있는 색은 유사색이라 말하고, 먼 거리에 있는 색을 반대색이라 말한다. 또한 색상환에서 마주보고 있는 가장 멀리 있는 색을 보색이라 말한다. 무채색은 흰색과 회색, 검정처럼 색의 기미가 전혀 없는 색을 말하며, 무채색을 제외한 빨강, 노랑, 파랑처럼 색 기미를 띠고 있는 모든 색을 유채 핵이라 말한다.

■ 명도 value

명도는 색의 밝기를 나타내는 정도를 말하며 모든 색은 명도가 있다. 무채색은 명도를 나타내는 기준이 되며 밝기가 밝을수록 명도는 높아지고 어두울수록 명도는 낮아진다. 흰색과 검정을 포함한 10단계 명도 스케일에서는 각 단계별 차이가 일정하게 변화하는 명도차를 명도 5를 기준으로 고명도, 중명도, 저명도로 구분한다.

■ 채도 chroma

색의 선명도와 순수한 정도를 나타내는 것으로 색의 맑고 탁한 정도를 말한다. 색상의 진하거나 엷음을 나타내는 것을 포화도(飽和度)라 하기도 하며, 원색에 가까울 때 채도가 가장 높다고 하며 순색이라 한다. 유채색에 무채색을 섞을수록 채도는 낮아진다. 한 가지 색상에서 무채색 축을 기준으로 바깥쪽으로 멀어지면서 채도가 높아지며, 무채색에 가까워질수록 채도는 낮아진다. 흰색과 검은색은 채도가 없어 무채색이라 한다.

② 색의 힘 power of color

우리는 의식을 하든 못하든 우리를 둘러싼 주변 환경은 갖가지 색으로 가득하다. 아침에 눈을 뜨고 밤에 다시 잠에 들 때까지 우리의 눈은 무한한 색채의 파노라마에 휩싸여 있다.

하늘과 태양빛, 나무와 바다 같은 자연물에서부터 침실의 벽지, 창가의 커튼, 식탁에 놓인 음식과 그릇들, 집을 나서면서 만나는 건축물, 버스와 사람들의 의복에 이르기까지 우리가 마주하는 모든 사물은 각기 다른 색채를 지니고 있다. 그러나 이렇게 흔히 마주하는 색채에 대해 우리는 무감각하게 반응하곤 하는 것 같다.

한 예로, 날씨가 화창한 날 창문을 열었을 때 푸른 하늘과 하얀 구름, 싱그러운 초록의 나무가 보인다면 마음이 탁 트이고 밝은 기운이 가득 퍼지면서 기분이 좋아진다. 그러나 반대로 흐리고 비가 내려 주변이 온통 잿빛으로 가득한 날에는 우울한 기분이 들거나 마음이 차분하게 가라앉는다.

또 다른 예로, 하루의 일을 계획하면서 오늘 입을 옷을 고를 때 별 생각 없이 손에 잡히는 대로 옷을 입는 사람은 드물다. 날씨나 기분에 따라 혹은 그날의 약속 장소를 고려해 어울리는 색깔의 의상을 골라 입는 것은 너무나 당연한 일이라 할 수 있다. 특별한 일이 없다 하더라도 그날그날 마음이 이끄는 색깔과 스타일의 옷을 입고, 여성이라면 자신에게 어울리는 색조로 화장을 한다. 이렇게 우리는 무의식적으로라도 색채를 느끼고 어떤 식으로든 영향을 받게 되며, 색채를 통해 자신의 기분을 변화하고자 하는 의지를 가지고 있다.

미국의 색채학자인 체스킨(Louis Cheskin)은 색채가 인간의 심리와 신체에 어떤 영향을 주는지 알기 위해 네 개의 작은 방은 준비하여 각각 적색, 녹색, 청색, 황색으로 칠한 방에 일정기간 동안 생활한 피험자들을 조사하는 실험을 하여 다음과 같은 결과를 얻을 수 있었다.

적색 방에서는 혈압이 높아지고 맥박이 빨라지는 흥분 상태에 이르러 집중력이 저하 되었으며, 방에 오래 머물기 힘들어 했으며, 녹색 방에서는 정상적인 반응이 나타났는데 녹색 한가지 컬러만으로는 단조롭고 활기가 없어 약간의 자극이 필요한 상황이 나타났다. 청색 방에서는 혈압과 맥박이 떨어지고 생기가 없어지게 되면서 몸이 나른 맥이 풀려 일을 제대로 하지 못하는 상황이 발생 되었으며, 황색 방에서는 혈압의 변화는 없으나 색이 밝아 눈이 극도로 긴장하고 금세 피로감을 느끼게 되었다. 이렇듯 실험을 통해 색채가 단지 기분뿐만 아니라 몸에까지 영향을 미친다는 것을 알 수 있었다.

:: 색의 상징과 연상

① 색의 상징 symbol of color

색의 상징은 색채에서 연상되는 형상과 뜻이 특징되어 정서적 반응과 사회적인 규범을 만든다. 이는 문화에 따라 다르게 적용되고 다양한 언어로 활용되고 있다. 색채의 상징에는 신분과 계급의 구분, 방위, 지역구분, 종교, 기업, 학문 및 국가 등을 상징하는 기능을 갖는다.

■ 신분 및 계급의 상징

과거 의복의 색으로 신분과 계급의 서열을 구분하였다. 검정과 흰색은 가난한 자
와 불구자, 빨강은 매춘부와 사형집행인, 초록은 악사, 공예사, 노랑은 유대인과 이
단자 등에게 사용되었다. 하지만 종교개혁을 거치면서 검은색은 준엄한 기독교적
인 색의 의미를 갖게 되었다.

■ 방위

한국의 전통색채인 오방(정)색은 동,서,남,북,
중앙의 방위를 상징한다.

- 동(東)-봄(春)-청룡(靑龍)-인(仁)-목성-
  나무(木)
- 서(西)-가을(秋)-백호(白虎)-의(義)-금성
  -쇠(金)
- 남(南)-여름(夏)-주작(朱雀)-예(禮)-화성-불(火)
- 북(北)-겨울(冬)-현무(玄武)-지(知)-수성-물(水)
- 중앙(中)-황룡(凰龍)-신(信)-토성-흙(土)

■ 지역

오륜기의 다섯 가지 색은 5대륙을 상징한다. 청색은 유럽, 황색은 아시아, 흑색은
아프리카, 초록은 오세아니아, 적색은 아메리카를 상징한다.

오륜기

https://m.blog.naver.com/PostView.naver?isHttpsRedirect=true&blogId=kywg528&logNo=221092106901

▪ 학문

법학은 purple, 의학은 green, 철학은 dark blue, 공학은 orange, 치과학은 lilac 등으로 색채로 전공을 구분한다.

▪ 국가나 기업의 상징

CI, BI 로 기업과 제품의 이미지를 상징하며 국기의 색으로 국가의 이미지를 상징한다. 스타벅스의 green, 삼성의 blue, 코카콜라의 red 등이 대표된다.

② 색의 연상

어떠한 색채를 보고 느끼는 이미지를 떠오르는 심상 또는 연상이라 한다. 색채의 연상은 구체적 연상과 추상적 연상으로 나눈다. 연상 작용은 성별과 연령, 환경, 문화수준 등 개인차가 있으며 주관적인 성향이 강해 일반화하기는 어렵다. 아래 표는 색채의 일반적인 연상에 대한 내용이다.

:: 색의 일반적인 연상

색상	구체적 연상	추상적 연상
빨강	소방차, 장미, 딸기, 태양, 사과, 불, 피	열정, 에너지, 활력, 애정, 욕망, 분노, 흥분, 혁명, 위험, 정지
주황	오렌지, 가을 당근, 감, 불꽃, 노을	힘, 애정, 풍요, 기쁜, 만족, 풍부, 식욕, 적극, 따뜻함
노랑	병아리, 개나리, 바나나. 해바라기, 금	경쾌, 명랑, 희망, 팽창, 온화, 비겁, 질투, 배신, 경박, 미숙
초록	나무, 자연, 숲, 식물, 초원, 신호등, 여름	편안함, 평화, 이상, 안전, 성장, 상쾌, 휴식, 지성, 낯설음
파랑	하늘, 바다, 강, 호수, 물	시원함, 희망, 투명, 이상, 영원, 진실, 젊음, 냉정, 고독,
보라	포도, 보석, 제비꽃, 가지, 라일락	신비, 고귀, 우아, 신앙, 권력, 창조, 예술, 퇴폐, 불안, 슬픔
하양	눈, 설탕, 웨딩드레스, 솜, 백합, 병원	순결, 결백, 청결, 신성, 정직, 희망, 소박
검정	밤, 먹, 까마귀, 숯, 눈동자, 장례식	권위, 엄숙, 두려움, 죽음, 어둠, 침묵, 비애, 절망, 허무

:: 컬러이미지 배색과 연출

컬러 배색이란 2개 이상의 색채에 질서를 주는 것으로 특별한 목적과 기능에 맞게 배치하는 것을 말한다. 배색을 통해 심리적 쾌감과 불쾌감을 느끼거나 심리적 감흥을 줄 수 있으며, 배색을 통해 균형 있는 통일감과 변화를 갖출 때 조화배색이라 한다. 색의 속성과 정확한 색채 정보에 의한 배색 원리를 통해 감성적인 색채 디자인을 할 수 있으며 균형 있는 색의 조화를 만들 수 있다. 색 조화의 요소는 유사조화와 대비조화를 예로 들 수 있다. 유사조화배색은 유사한 성질끼리 어울리는 배색을, 대비조화배색은 반대되는 성질끼리 어울리는 배색으로 효과를 볼 수 있다.

1 배색 유형 coloring type

■ 동일배색

통일감과 색상, 색조가 가지는 감정효과를 쉽게 표현할 수 있다.

* 동일색상배색: 동일 색상의 공통성과 색조의 유사성으로 안정된 배색
통일감과 색상이 가지는 감정효과를 쉽게 표현할 수 있음
* 동일색조배색: 동일 색조에서 색상을 달리하는 색상간의 배색

■ 유사배색

자연스럽고 조화롭다.

* 유사색상배색: 색상환에서 서로 근접한 거리에 있는 색상간의 배색
* 유사색조배색: 가장 가까이 있는 톤의 배색

■ 대조(반대)배색

율동감이 있고 화려하다.

* 대조색상배색: 색상환에서 색 차가 큰 색상간의 배색
* 대조색조배색: 거리가 먼 톤의 배색

■ 보색배색

색상환에서 가장 멀리 있는 색으로 마주보고 있는 색의 배색이며 역동적이고 경쾌하다.

■ 색상과 색조의 의한 배색

실제 배색에 있어 색상, 명도, 채도에 따른 조합은 그 관계가 복잡해 명도와 채도를 합친 개념인 색조와 색상에 의한 배색이 효율적이다.

• 색상: 색조에 의한 배색은 다음 아래 표에 8가지가 있다.

- 동일색상/유사색조: 색상의 공통성과 색조의 유사함으로 안정된 이미지
- 동일색상/ 반대색조: 색상의 공통성과 색조의 차이에 의한 조화
- 유사색상/ 동일색조: 색상의 유사성과 색상의 공통성에 의한 조화
- 유사색상/ 유사색조: 색상과 색조의 유사성에 의한 자연스러운 이미지
- 유사색상/반대색조: 색상의 유사성과 색조의 명료성에 의한 배색
- 반대색상/ 동일색조: 색상의 명료성과 색조의 공통성에 의한 배색
- 반대색상/유사색조: 색상의 명료성과 색조의 유사성에 의한 배색
- 반대색상/ 반대색조: 색상과 색조의 명료성에 의한 명확한 배색

---

2 배색 연출 방법 how to color

■ 톤온톤 tone on tone

동일 색상에서 색조차(특히 명도차)를 강조한 배색으로 색상은 동일하거나 유사한 범위에서 색조 선택 시 명도차를 크게해 반대 색조를 선택하여 배색한다.

톤온톤 배색

https://m.blog.naver.com/kjjlsb/221701634679

■ 톤인톤 tone in tone

색상은 동일하거나 유사한 범위에서 선택하고 유사한 색조로 이루어진 배색으로 정적인 배색이다. 명도차와 색조차가 작도록 선택해 배색한다.

톤인톤 배색

https://m.blog.naver.com/kjjlsb/221701634679

■ 악센트 배색 accent

단조로운 배색에 본래의 색상과 반대되는 색상이나 색조를 사용하여 변화를 준다.

악센트 배색

https://m.blog.naver.com/kjjlsb/221689879221

■ 그러데이션 배색 gradation

그라데이션 배색은 색상, 명도, 채도, 색조 등이 단계적으로 변화하는 것을 말하며, 리듬감과 운동감을 줄 수 있다. 메이크업 디자인 시 가장 많이 활용되는 방법이다.

그러데이션 배색

https://m.blog.naver.com/kjjlsb/221689879221

■ 세퍼레이션 배색 separation

분리배색이라 말하며 색이 지나치게 대비되거나 또는 너무 유사해 애매한 배색이 되었을 때 분리색을 이용하여 조화로운 배색이 되게 한다. 분리색은 대부분 무채색을 사용한다.

세퍼레이션 배색
https://m.blog.naver.com/kjjlsb/221689879221

:: 컬러 심리 치유

색에는 인간의 생리나 감정에 영향을 미치는 힘이 있다. 쉽게말해 색채의 물리적 효과는 심리적 반응을 유발한다. 이는 인간이 색을 단순히 눈으로 보는 것이 아니라 마음으로 받아들이기 때문이다. 따라서 색채에 대하는 심리적 태도는 육체적 반응에 영향을 주게 되는데 예를 들어 빨간색은 흥분하게 하고, 파란색은 차분하게 하는 힘이 있다.

인간의 무의식적 관점에서는 형태보다 색채가 좀 더 감정과 가깝게 관련된다. 색채와 관련한 경험은 형태 경험보다 더욱 더 직접적이다. 형태 지각은 공평하고 객관적인 태도를 수반하지만, 색채 와 관련한 경험은 좀 더 직접적이기 때문에 감성적인 특징을 지닌다. 색채는 우리의 반응에 의해 정형화된 감정적 호소력을 가지고 있다. 우리가 의식하든 못하든 간에 개인과 집단, 동족, 국가, 문화 등 모든 정신적인 체계가 색채를 사용하고 연상하여 발전한 것이다.

따라서 색은 심리적, 생리적으로 인간에게 영향을 미치는 에너지를 가지고 있다. 색들은 우리 신체의 근육과 정신, 그리고 신경 작용을 움직이는 요인으로 작용한다. 5분이라도 특정한 색의 영향에 있으면 우리의 정신과 근육 활동은 그 색채에 대한 심리적 반응에 따라 변화한다. 실제로 눈을 자극한 색채가 일으키는 반응은 신체의 모든 기관으로 퍼져 신경을 긴장시키거나 진정시키기도 하는 등 흥분과 침체의 반응이 일어난다.

1 색채 심리의 유형 type of color psychology

색채의 지각은 시각을 통해 이뤄지는 생리적인 현상이며 감각을 통해 감정을 일으키는 심리적 현상이다. 색채를 통한 감정은 개인의 개성과 환경, 조건에 따라 각기 다른 감정을 불러일으키게 된다. 이러한 심리 작용은 대상에 대한 경험을 통해 고유한 감정을 가지기도 하며, 환경과 사물의 관계에서 연상적인 감정이 일어나기도 한다. 컬러 테라피는 이러한 색채 심리에 바탕을 두며, 색채 심리는 크게 두 가지로 나눌 수 있다.

첫 번째가 응용된 색채 심리, 두 번째가 심층적 색채 심리라 할 수 있다. 응용된 색채 심리는 주로 마케팅이나 건축 환경 디자인에서 적용되고, 색의 인상과 이미지, 특성과 같은 색의 심리학적 효과를 시각적 분위기 조성에 활용하는 것을 말한다.

1920년 미국의 파커(Parker) 사는 검은색과 갈색뿐인 만년필에 대한 고정 관념을 깨고, 붉은색 만년필을 생산해 큰 성공을 거둔 일화가 있다. 이는 붉은 립스틱을 여성용 만년필로 이미지화한 것인데 색채 심리를 활용한 대표적인 사례이다. 또한 예로, 조용하고 고즈넉한 일본의 한 소도시는 분위기와 다르게 범죄가 유난히 많았는데, 2005년 가로등을 푸른색으로 바꾼 뒤 범죄율이 급격히 떨어졌다. 2002년 32,017건이던 범죄 건수가 2005년 21,365건, 2006년 18,895건, 2007년에는 18,299건으로 감소한 사례가 있다.

2 컬러 테라피 color tyerapy

컬러 테라피(Color therapy, 색채 치료)는 '컬러'와 '테라피'의 합성어로 색의 에너지와 성질을 심리 치료와 의학에 활용하여 스트레스를 완화시키고 삶의 활력을 키우는 정신적인 요법이다. 테라피(Therapy)란 '요법' 또는 '치료'라는 뜻으로 심신의 컨디션을 좋게 하는 간접적인 치료방법들을 통칭하는 의학용어이다. 약물 치료나 수술 같은 직접적인 질병 치료방법의 한계를 보완하고 고통을 줄이는 보조

수단들이 모두 테라피의 범주에 들어간다.

'컬러테라피'란 이런 색의 에너지를 심리치료에 활용하여 치유하고 삶의 활력을 향상시키는 치료 과정을 말하며 색채의 전달을 통해 정서적, 정취적인 안정을 얻는 방법이다. 색채의 자극은 시신경을 통해 대뇌에 전달되어 성장 조직으로 연결되므로 필요에 따라 선별하여 사용하면, 자극과 생기, 휴식과 진정의 목적으로 활용되는 심리적 역할을 하는 관리 방법이다. 이 방법에 사용되는 색상은 빨강, 노랑, 파랑이며, 그 밖의 빨강과 노랑의 중간색 주황, 파랑과 노랑의 중간색 초록, 빨강과 파랑의 중간색 보라가 있다. 다음은 컬러테라피의 방법에 대한 내용이다.

■ 챠크라 chakra

인도의 고대 언어인 사스크리트어의 바퀴라는 뜻으로 우리 몸의 꼬리뼈부터 척추를 지나 정수리를 따라 존재하고 있는 에너지 센터로 우리의 몸과 마음을 연결하는 에너지를 의미한다.

■ 차크라의 색채와 의미 meaming of chakra color

구분	긍정적	부정적
	카리스마적인, 예술적인, 인도주의자	거만한, 광적인, 공상가
	이상적인, 대담한, 지극히 예민한	우울한, 관계를 멀리하는, 훈련되지 않은
	개방적인, 용감한, 창조적인	지나치게 이상적인, 속물적인, 냉소적인
	조화로운, 안정적인, 행복한	걱정이 많은, 질투하는, 지나치게 민감한
	낙천적인, 지식에 목마른, 친절한	냉담한, 의심이 많은, 계산적인
	사교적인, 창조적인, 열성적인	과시적인, 단정하지 못한, 돈에 대해 정직하지 않은
	강한, 용감한, 활기찬	소심한, 화를 내는, 성급한

	차크라 이름	색상/위치	에너지	원석
Muladhara	뿌리 차크라 Root Chakra	빨강 회음부	안정, 그라운딩, 생명력	헤머타이트, 흑요석, 흑전기석, 가넷, 연수정
Swadhisthana	천골 차크라 Sacral Chakra	오렌지 배꼽 아래	창의성, 성(姓), 감정	오렌지 칼싸이트, 카넬리안
Manipura	태양신경총 차크라 Solar Plexus Chakra	노랑 명치	열정, 야망, 이해, 사회성	황수정, 옐로 자스퍼, 허니 칼싸이트, 타이거아이
Anahata	심장차크라 Heart Chakra	녹색, 분홍 가슴	사랑, 연민, 감정밸런스	장미수정, 아벤츄린, 말라카이트, 옥
Vishuddha	목 차크라 Throat Chakra	파랑 목	자기표현, 커뮤니케이션	터키석, 키아나이트
Ajna	제3의 눈 차크라 Third Eye Chakra	남색 미간	영적인식, 심력능력, 직관	라피스 라쥴리, 소달라이트
Sahasrara	크라운 차크라 Crown Chakra	보라, 하양 백회	깨달음, 영성, 우주의식	자수정, 백수정, 셀레나이트, 문스톤

■ 색채의 활용 use of color

빨간색은 아드레날린을 분비시켜 혈압을 상승시키고 맥박수를 증가하는 효과가 있다. 파란색은 사람을 심리적으로 가장 편안하게 안정시키는 신경전달 물질을 분비해 맥박을 감소시키고 호흡을 깊고 길게 유도하며, 체온을 감소시키고 식욕을 억제하는 효과가 있다. 베이지색은 근육을 이완시켜 긴장을 풀어주고 피로를 줄여주며 노란색과 함께 사용하면 스트레스 완화에 효과적이다. 초록색은 인체에 좋은 신진대사 작용을 일으키고 혈관을 팽창시키며 피부손상 시 손상부위를 호전시킨다. 갈색은 세로토닌의 합성을 촉진해 만성피로를 완화시킨다고 한다.

장수의 비결에 색채가 활용되기도 한다. 피카소나 위트릴로, 뭉크 등 젊은 시절에 빈곤에 시달리거나 알코올 중독 등 정신 불안에 시달렸던 화가였으나 일반인보다 긴 수명을 누렸고, 고흐처럼 요절한 몇 명의 천재들을 제외한 화가들은 평균 수명은 당시 일반인보다 길었다. 그 이유로 다양한 색채를 사용한 것을 꼽는데 화가들은 그림으로써 빈곤, 병고, 불안 등에서 오는 스트레스를 극복하여 긍정 에너지로 변화시키기 때문이다. 그림 속 색채에서 강한 생명력을 부여 받아 노화를 늦추고 긴 수명을 누린 것으로 예상된다. 또 한 예로 여성들의 평균 수명이 남성보다 긴 것도 화장을 하는 등 색에 민감하며 남성에 비해 색채를 풍부하게 누리기 때문이라 말하는 학자도 존재한다.

식욕과 색채에도 연관이 있다. 미국의 S.G.히빈스 조명기사는 최고의 음식과 우아한 음악을 준비하여 화려한 만찬을 개최했는데 시간이 조금 흐른 뒤 조명을 녹색과 빨간색 필터 램프로 교체하였다. 스테이크는 회색, 샐러드는 자주색, 달걀은 청색, 우유는 붉은피색, 커피는 황토색, 푸른 콩은 까만색으로 변하게 되었다. 때문에 손님들은 처음엔 흥미를 보였으나 이내 식욕을 잃고 체하거나 기분이 상하는 일화가 있다. 그 밖에 복숭아색, 빨간색, 주황색, 진노랑색, 맑은 초록색 등은 식욕을 돋우는 색으로 대표되며, 분홍색, 엷은 파란색, 엷은 자주색 등은 식욕을 떨어뜨리는 색으로 대표된다. 파란색은 식욕을 억제하는 색이지만 파란색으로 된 그릇을 사용하면 그 안에 담긴 다른 색으로 된 음식을 더 맛있게 보이게 하는 효과가 있다. 또한 음식의 색을 돋보이게 하는 것이 조명이라 할 수 있는데 형광등은 푸른빛을 띠어 식욕을 떨어트려 백열등을 많이 사용한다.

컬러를 도구로 활용하기도 한다. 한 예로 미국의 외과의사가 도료 전문업체인 듀폰 사를 찾아 수술 시 흰 벽이나 천장을 볼 때 눈의 피로도를 호소하자 듀폰 사가 붉은 색의 보색인 초록색으로 수술실과 수술복을 전면 교체하여 색의 잔상을 해결해 실제 수술실의 의사들은 눈의 피로감이 줄어 수술도 편안하게 진행할 수 있게 되었다.

■ 빨간색의 효능 red effect

빨간색은 성적(性的) 관계를 조절해 준다. 또한 빨간색은 외향적인 사람들이 선호하는 경향이 강해 심리요법에서 소심증이나 우울증을 치료하는데 활용된다. 다만 고혈압이나 염증이 있을 때는 빨강을 피하는 것이 좋다. 이는 빨강은 혈압과 체온을 상승시키는 작용을 하지만 과하면 반대의 효과를 볼 수 있기 때문이다.

■ 주황색의 효능 orange effect

주황색은 신경 쇠약, 우울증, 이혼, 사고 등으로 인해 슬픔과 상실감에 빠졌을 때 가장 도움이 되는 색이다. 또한 극심한 분노를 느끼거나 쇼크 상태에 이르는 것을 방지해주는 효과가 있다. 주황은 아무리 고통스러운 경험이라 해도 모든 경험이 인생에 중요한 자양분이 된다는 심오한 의미를 지니고 있는데 빨강과 노랑의 중간색인 주황의 에너지는 빨강, 노랑과 비슷하기 때문에 신체에 에너지를 주고 동화작용을 돕게 된다. 빨강과 마찬가지로 혈액순환을 촉진하며, 신경 체계와 호흡기 계통에 영향을 준다. 주황은 심장박동을 강하게 촉진하고 간에 도움을 주므로 알코올 중독자의 치료에 도움을 준다. 하지만 쉽게 동요하는 성향이거나 스트레스로 고생하는 사람들은 가능한 피하는 것이 좋다.

■ 노란색의 효능 yellow effect

노란색은 의기소침과 우울증 치료에 효과적인 색이다. 또한 심리적으로 위축되어 자존감이 떨어지고 우울하며 비관적인 상황일 때, 밝고 긍정적인 사고를 하도록 도와준다. 어린아이의 지칠 줄 모르는 에너지와 밝음을 주는 색이며, 내면의 어둠과 두려움을 이겨낼 수 있는 힘을 준다. 낮은 자긍심을 북돋워주고 즐거움과 웃음을 만들어 두려움, 공포를 몰아내는데 유용해 에너지 덩어리인 태양의 색으로 불린다. 노란색은 운동 신경을 활성화하고 특히 근육에 사용되는 에너지 생성에 효과적이다. 그 밖에 노랑은 몸속에 저장되어 있는 칼슘을 움직이는데 도움을 주기 때문에 굳은 관절을 풀어줄 때나 통증 완화시키는데 효과적이며 관절염, 류머티즘, 통풍을 경감시키는 효과가 있다. 노랑은 뇌와 정신적 능력을 촉진하는 색이지만 심각한 정신병이나 노이로제에 시달리는 사람은 피하는 것이 좋다.

■ 초록색의 효능 green effect

초록색은 노랑과 파랑의 중간에 위치한 색으로 모든 색의 통로 역할을 하며 편안함을 주는 색이다. 많은 사람들이 선호하며 자연, 균형, 정상적인 상태를 상징한다. 초록은 마음을 안정시켜주는 능력이 있어 감정의 균형을 회복시키고 몸에 활력을 주어 예민하거나 조울증을 앓고 있는 사람에게 유용한 색이다. 다만 많이 사용하게 되면 차갑고 고립된 느낌을 주며 정신 상태가 불안정할 때 초록색이 싫어지기도 한다. 초록은 눈의 피로를 풀어주고 잠이 잘 오게 해 고통과 긴장을 풀어주는데 효과적이며 감정의 균형을 잡는데 도움을 줘 우울증 등의 심리질환의 치료 약물에 많이 쓰인다. 항 우울제에는 초록색을 사용하는데 약물 자체가 가진 효과뿐만 아니라 초록색 그 자체가 환자의 감정에 균형을 잡아줘 마음을 안정시키기 때문이다. 초록은 잘못 사용 시 졸음이나 짜증을 유발될 수 있어 주의한다.

■ 파란색의 효능 blue effect

파란색은 녹색과 마찬가지로 마음을 편안하고 부드럽게 만들고 감정을 풍부하게 해주는 색이다. 또한 급하고 여유가 없는 마음을 진정 시키며, 차분하게 만들어주므로 바쁘거나 힘든 일이 있을 때 도움이 된다. 소극적이고 소심해서 자기 의사를 잘 표현하지 못하는 사람에게 적극적으로 행동할 수 있게 도와주는 효과가 있으며, 파란색은 진정 효과와 신뢰감 상승 및 혈액순환을 정상적으로 회복시킨다는 연구 결과가 있다. 긴장되거나 스트레스가 나타날 때 신경을 진정시켜주는 효과가 있어 수면제와 안정제에 파란색 포장이 많다. 파랑은 열이 있거나 빠른 맥박, 고혈압에 적용하면 효과가 있으며 일사병에 걸렸을 때 신체의 열기와 염증을 달래준다. 다만 저혈압, 마비 증상, 감기 등을 치료할 경우에는 파랑을 사용하지 않는 것이 좋고 우울증과 좌절감에 시달릴 때도 금하는 게 좋다.

■ 보라색의 효능 purple effect

빨강과 파랑의 혼합색인 보라색은 빨강의 신체적 특징과 파랑의 정신적 특징이 조화를 이룬다. 열정과 행동을 자극하는 빨강, 감정을 가라앉히는 파랑이 혼합되어 균형을 이뤄 심신이 지쳐 있을 때 선호하는 색이다. 이는 스스로 자신을 추스르려는 힘을 보라색에서 얻고자하기 때문이다. 보라색은 예술적인 영감을 자극하므로 상상력과 창의력이 필요한 작업을 할 때도 유용하다. 보라는 뇌하수체 기능과 연결되어 호르몬의 활동을 정상화 시킨다. 또한 뇌진탕, 간질 등 기타 강박적 질환과 성격 불균형 같은 신경 정신 질환에 효과적이다.

CHAPTER

11

향 테라피

Fragrance Therapy

향의 이해 ┃ 향과 치유 ┃ T.P.O와 향수 ┃ 이미지와 향수

인간의 오감 중 하나인 후각을 통해 얻게 되는 정보를 냄새 또는 향이라고 한다. 코 안에 있는 후각 수용기가 공기 중의 화학 물질을 감지하여 경험하게 되는 지각 경험으로 냄새를 느끼게 되는데 이를 감각향료라 부른다. 넓은 의미에서 감각향료는 특유의 향이나 냄새를 일으키는 것으로 후각 자극을 통해 심리 작용 효과와 심신안정을 가져온다. 때문에 인간의 내적 건강을 증진시키는 역할을 하고 있으며 이를 심신치유의 향 테라피라 한다.

:: 향의 이해

향에 대한 용어는 향기와 향취의 용어에서 시작된다. 먼저, 휘발성 물질이 발산될 때 후각신경이 자극을 받아 느끼는 감각 중에서 특히 인간에게 유익하고 기분좋은 쾌감을 주는 냄새를 넓은 의미의 '향기(香氣)' 또는 '취(臭)'라고 정의한다. 또한 향료는 향을 내는 물질로서 외부환경으로부터 번식과 생존을 위해 만들어내는 생화학적 성분을 가진 식물을 추출하여 특유한 향과 살균, 진정, 이완 등 치유 효능을 가진 고농도의 정제물질을 만들어내는 과정으로 정유라고 하기도 한다. 향은 인류생활에 있어서 중요한 역할을 해왔다. 라틴어(odor-oris)에서 유래된 오더(odour)란 일반적으로 향을 총칭하는 용어로 일상생활에서 향을 애용했던 고대 그리스의 풍습에서 유래되었다. 오더런트(odorant)는 천연물질이나 합성물질로서 향을 발산하는 모든 향 물질을 말하며 퍼퓸(perfume)은 '연기를 통해' 라는 뜻의 라틴어(perfumum)에서 유래한 말로 기분 좋은 향이나 냄새, 또는 좋은 향을 풍기는 물질을 말한다. 좁은 의미에서의 퍼퓸은 우리가 흔히 말하는 향수(香水)를 뜻한다. 센트(scent)는 동물이 풍기는 향을 의미하며 일반적으로는 퍼퓸과 거의 같은 뜻으로 사용되며 프레이그런스(fragrance)는 향료 제품과 화장품을 총칭하는 것으로 향취의 발산을 목적으로 한 향료 제품과 피부의 살균작용, 수렴작용 피부 보호 및 미화를 주 목적으로 사용되는 화장품 향료를 의미한다. 마지막으로 플레이버(favour)는 미각, 후각을 동시에 자극하는 유향 물질로 일반적으로 식품향료를 말한다.

1 향의 분류

향수는 여러 향의 조합으로 만들어져 주 재료의 종류와 농도에 따라 향의 질이 달라지며 향수는 크게 농도와 주재료(계열)에 따라 분류된다.

첫째, 농도에 따른 향수의 분류는 상대방에게 신비롭고 강한 인상을 심어주고 호소력을 가지는 최고의 액세서리의 역할을 한다. 우리가 일반적으로 말하는 향수는 알코올에 향 원액 함유 비율(부향률)과 지속시간, 용도에 따라 퍼퓸(Perfume), 오드퍼퓸(Eau de Perfume), 오드뚜왈렛(Eau de Toilette), 오드코롱(Eau de Cologne), 샤워코롱(Shower Cologne)으로 분류된다.

둘째, 퍼퓸(Perfume)의 분류이다. 향이 가장 풍부하여 '액체의 보석'이라 불리는 완성도가 높은 퍼퓸은 예로부터 귀중품으로 취급되어 왔으며 방향 제품 가운데 농도가 가장 진하고 풍부한 향을 지닌다. 퍼퓸은 알코올 70~85%에 향 원액 15~30%정도 함유된 것을 말하며 사용되는 알코올의 농도는 90~95%정도이다. 향은 12시간 정도 유지되며 에탄올과 물 이외에 알데하이드와 같이 이취(이상한 냄새)가 있는 성분이 포함되지 않은 것이 좋다. 향수가 대중성과 시장성을 갖추기 위해서는 향료의 각 성분 간에 조화가 이루어져 세련되고 격조 있는 독특한 향을 지녀야 하며 지속성과 확산성이 좋아야 한다,

셋째, 오드퍼퓸(Eau de Parfum)의 분류이다. 오드퍼퓸은 단순히 퍼퓸의 농도를 옅게 한 것이 아니라 가장 아름다운 향조로 조성되어있다. 알코올은 72~92%, 향원액은 8~15%로 퍼퓸 다음으로 농도가 짙으며 농도가 80~90%인 알코올을 사용한다. 향의 지속시간은 7시간 정도이며 퍼퓸과 오드뚜왈렛의 중간 타입으로 퍼퓸에 가까운 풍부한 향을 지니고 있다.

넷째, 오드뚜왈렛(Eau deToilette)의 분류이다. '오(Eau)'는 프랑스어로 '물'이란 뜻이고, '뚜왈렛(Toilette)'은 '화장실'이란 뜻으로 '몸차림을 정돈하기 위한 물'이란 의미로 해석된다. 신선하고 상큼한 향으로 간편하게 전신에 뿌릴 수 있어 가장 많이 애용되고 있다. 6~8%의 향료를 농도가 80%정도인 알코올에 부향시킨 상태이며 향의 지속시간은 3~4시간 정도이다. 오드 코롱의 가벼운 느낌과 퍼퓸의 지속

성을 모두 가지고 있어 풍부하면서도 상쾌한 향을 즐길 수 있다는 것이 특징이다.

다섯째, 오드코롱(Eau de Cologme)의 분류이다. 오드코롱은 방향성 화장품 (fragrance)의 일종으로 알코올 순도는 75~85%, 향료농도는 3~5%와 향수나 오 드 뚜왈렛보다 적으며 향기의 지속시간은 1~2시간으로 짧다. 향기가 가장 가벼워 스포츠나 입욕 후에 전신에 뿌리는 등 다량으로 사용되며 실내용 향수로 간편하게 이용된다.

[부향률과 향의 분류]

부향률	프레스언스 오일	향수 희석액
퍼퓸	10~25%	75~90%
오 드 퍼퓸	9~12%	88~91%
오 드 투왈렛	5~8%	92~95%
오 데 코롱	2~7%	93~98%
샤워 코롱	1~3%	97~99%

2 향의 추출

식물의 향은 꽃, 과실(종자), 수지, 가지, 잎, 껍질, 뿌리 혹은 식물 전체에서 추출 된다. 특히 꽃에서 얻어지는 정유를 화정유(花精油)라고 한하며 이러한 식물성 향 료는 방향성분을 포함한 휘발성 물질로 조합향료의 주성분으로 사용된다. 반면에 동물성 향료는 출처에 따라 생식선 분비물 향료와 병적(病的), 결석(結石)에 의한 향료 두 분류로 구분된다.

식물성 향료 중 꽃으로부터 향을 추출하는 꽃 향료는 불가리아와 이란에서 주로 채취되는 장미, 인도, 이란, 남프랑스로부터 수입되는 재스민, 종퀼, 수선, 히아신 스, 바이올렛, 쥬로스, 헬리오트로프가 있으며 남프랑스의 귤꽃 등이 대표적이다. 꽃과 잎에서 향을 추출하는 향료는 라벤더(남프랑스, 영국), 박하(일본, 중국, 북 미, 영구), 로즈마리(남프랑스, 에스파냐), 제충국(除蟲菊, 일본) 등이 있다. 잎과 줄기로부터 향을 추출하는 향료에는 레몬그라스(인도, 동남아시아), 시트로넬라

(인도, 대만, 동남아시아), 유칼립투스(오스트레일리아), 시나몬(스리랑카), 흑문자(黑文字, 일본), 제라늄(알제리), 패츌리(말레이시아)가 있으며 나무껍질로부터 향을 추출하여 나무껍질 향료라 불리는 향료에는 카시아(남중국), 시더(북미), 단향(檀香, 자바, 수마트라), 장뇌(樟腦, 중국, 일본), 삼(杉)나무와 전나무(회(檜), 일본)가 있다. 또한 뿌리와 땅 속 줄기로부터 향을 얻는 향료는 베치파(자바, 인도), 오리스(남프랑스, 이탈리아), 생강(生薑, 인도)이 있으며 과육의 열매로부터 향을 얻는 과피(果皮) 향료에는 베르가못(북아메리카), 레몬·오렌지(이탈리아·지중해 연안)가 있다. 식물의 종자로부터 향을 얻는 종자 향료는 아니스(남중국), 후추(호초(胡椒), 인도, 자바), 바닐라(남미, 동남아), 육두구(肉豆蔻, 동남아)가 있으며 꽃봉오리 향료는 동남아, 아프리카, 마다가스카르에서 주로 찾을 수 있는 정자(丁字, 일명 정향(丁香)가 대표적이다. 마지막으로 나무로부터 추출되는 진액인 수지(樹脂) 향료에는 유향(乳香)·몰약(沒藥, 아랍, 소말리아), 안식향(安息香, 동남아), 용뇌(龍腦, 자바, 수마트라), 소합향(蘇合香, 터키), 페루발삼(남미), 라타남(남유럽)이 있다.

반면에 동물성 향료는 식물성에 비하여 종류가 다양하지는 않다. 향의 출처에 따라 생식선 분비물 향료와 병적(病的) 결석(結石)에 의한 향료 두 가지로 나뉘는데,

[식물성 향료와 동물성 향료]

식물성 향료	꽃	장미, 재스민, 종퀼, 수선, 히아신스, 바이올렛, 쥬로스, 헬리오트로프, 굴꽃
	꽃과 잎	라벤더, 박하, 로즈마리, 제충국
	잎과 줄기	레몬그라스, 시트로넬라, 유칼립투스, 시나몬, 흑문자, 제라늄, 패츌리
	나무껍질	카시아, 시더, 단향, 장뇌, 삼나무, 전나무
	뿌리, 줄기	베치파, 오리스, 생강
	과피	베르가못, 레몬, 오렌지
	종자	아니스, 후추, 바닐라, 육두구
	꽃봉오리	정향
	수지	유향, 몰약, 안식향, 용뇌, 소합향, 페루발삼, 라타남
동물성 향료	생식선, 분비물	사향, 시베트, 해리향
	결석	용연향

먼저, 동물의 생식선이나 분비물로부터 얻는 향료의 대표적인 예로는 사향(麝香, 중국 윈난, 미얀마, 히말라야), 시베트(에티오피아), 해리향(海狸香, 북미)이 있으며 동물의 병적 문제에 의해 생성된 결석으로부터 향을 얻는 향료에는 용연향(龍涎香, 인도양, 태평양)이 대표적이다. 하지만 오늘날의 사향과 용연향은 채취가 어려워 인조 향료로 대체하고 있으며 해리향은 거의 자취를 감추었다.

③ 향의 구성

향수의 생명은 자신만의 독특함을 얼마나 유지할 수 있느냐에 있다. 향은 시간이 지남에 따라서 옅어지므로 향의 지속성과 더불어 시간의 흐름에 따라 어떤 향으로 변화되는지 역시 고려해야 한다. 일반적으로 향수의 구성은 탑 노트(Top note), 미들 노트(Middle note), 베이스 노트(Base note)로 구분된다. 이와 같이 1927년 Tean Carles이 head, body, base와 같이 휘발성분에 의하여 나뉘게 된다.

향수는 향의 골격을 이루는 베이스 노트를 기준으로 미들 노트를 선정하고, 향수의 첫 느낌인 탑 노트의 향조를 고려하여 향을 조합하게 된다. 천연의 미묘한 향을 표현하기 어렵기 때문에 부족한 향조를 보충해 향 전체를 조화롭게 해주는 향료를 첨가하는데 이를 조화제(Bleander) 또는 혼합제라고 한다. 향을 오래 유지하기 위해서 보류제(Fixative)를 첨가하게 된다.

■ 탑 노트

향수 용기를 개봉하였을 때나 피부 등에 뿌렸을 때의 향에 대한 첫 느낌을 탑 노트(Top note)라고 한다. 탑 노트는 조합향료 가운데 가장 휘발도가 높은 성분으로 지속성이 떨어지는 단점을 가지고 있다. 하지만 향의 첫인상이 바로 탑 노트에서 결정 되는 중요한 요소이다. 일반적으로 유쾌한 향조에서 환상적인 것에 이르기까지 무한한 상상력을 발휘하는 부분이다. 탑 노트는 레몬, 베르가못, 오렌지의 정유처럼 가볍고 휘발성이 강한 향이 적합하지만 시트러스, 프루티, 그린 계열 등이 주로 이용된다. 기호성이 좋고 신선하여 전체 향을 잘 이끌어 낼 수 있어야 하며 독창성이 요구된다. 일반적인 탑 노트의 지속 시간은 테스트 용지에 묻힌 후 2시간 정소 지속되고 이후 휘발된다.

■ 미들노트

미들노트(Middel note)는 향의 중간 느낌을 뜻하는 용어로 향수의 구성 요소들이 조화롭게 배합을 이룬 향의 중간 단계로서 하트 노트(Heart note)라고 한다. 미들 노트는 풍요함과 밀도를 더해주는 역할로 향료 자체가 갖는 본연의 향을 더욱 느끼게 해준다. 미들노트는 탑 노트보다 느리게 진행되며 육감적이다. 베이스 노트를 조합할 때 초기에 나타나는 불쾌한 향은 베이스 노트보다 높은 휘발성을 가진 향료를 가해 감소시켜야 한다. 재스민, 장미 등의 플로랑 계열의 향이나 알데하이드, 시프레, 그린, 스파이시, 오리엔탈 계열의 향이 주로 사용되며 일반적인 미들 노트의 지속시간은 테스트 용지에 묻힌 뒤 2~3시간 정도 지속되는 특징이 있다.

■ 베이스 노트

베이스 노트(Base note)는 향의 골격이자 향수의 성격을 만드는 기초적 토대가 된다. 조향사는 수많은 천연향료나 합성 향료를 가지고 마치 훌륭한 미술, 음악, 건축물을 만드는 예술가와 같이 그만의 독특한 '향'을 창조해낸다. 향의 마지막 느낌인 베이스 노트는 일반적으로 보류성이 풍부한 향료이다. 즉 증기압이 낮은 향으로 구성되어 있어 주로 천연향료를 사용하기 때문에 조합직후에는 약간의 불쾌한

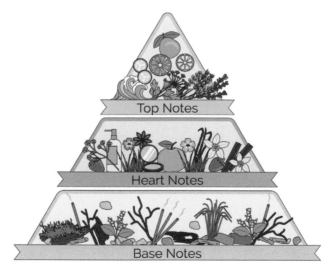

향의 노트

향이 있지만 시일이 경과하면서 완숙한 향으로 변한다. 베이스 노트는 향의 성질을 결정하는 중요한 역할을 할 뿐만 아니라 미들 노트, 탑 노트에까지 영향을 미친다. 즉, 베이스 노트의 지속적인 향은 물론, 탑노트와 미들 노트의 향을 유지시키는 역할을 한다. 베이스노트는 휘발성이 낮고 보류성이 풍부한 오크모스나 우디, 용연향, 발삼, 오리엔탈, 시프레 계열이 대표적이며 일반적인 베이스 노트의 지속시간은 테스트 용지에 묻혀 6시간 이후 지속된다.

④ 향의 역사

향의 역사는 고대 이집트에서 시작된다. 4대 문명의 발상지 중 하나인 이집트는 가장 오래전부터 향료를 사용한 민족으로 알려져 있다. BC 7세기경부터 향료가 널리 사용된 것으로 전해지고 있으며 이집트의 수도인 테베, 지금은 룩소르라 불리는 이곳에 이집트의 18대왕 투탕카멘(Tytankhamen)의 능묘에서 연공 상태의 향료를 만들어 담은 항아리가 함께 발견되었다. 백합유를 이용한 몰약으로 강한 방부성을 가진 유황과 보류성이 좋은 방향성 수지를 사용했기 때문에 오늘날 3000년 이상의 세월이 지났음에도 아직까지 향기가 남아 있다. 이 중 가장 대표적인 것이 몰약이라 알려져 있는 미르 이다. 몰약은 미라의 어원이 될 만큼 강력한 방부력을 가지고 있으며 시체의 부식을 방지하기 위해 사용했다는 사실을 알 수 있다. 또한 모든 사원에는 방향제 물건이 놓여있는 조그만 방이 있었다. BC 1세기 클레오파트라 시대에는 나일 강변에 향료공장을 지었다. 장미꽃잎이 뿌려진 침실이 딸린 배까지 향료를 뿌려 장식하였고 몸에는 시벳(Civet)이 조합된 향 연고를 발랐다는 기록이 있다. 이집트의 조합향료인 키피(Kyphi)는 이집트인에게 매우 중요하고 신성한 향료로서 해뜰녘 신전에 분향하고 저녁에는 침실에서 사용하였다. 또한 마음을 평안히 하고, 집중력을 높여주는 효과가 있어 키피를 향처럼 피우고 파라오와 제사장들은 그들의 신에게 기도를 드렸고, 지혜를 얻기 위한 비전의 명상을 수행하였다.

그리스의 향은 일찍이 그리스인들이 방향제로서 오일과 연고를 사용하며 통용되었다. 오일을 단지 향료로만 사용하는 것이 아닌 미용과 의료 목적으로 사용하였다. 그리스인들은 향료를 신에게 바치기 위해, 요리를 위해, 의학적인 목적으로, 또는 단순한 즐거움을 위하여 사용하였다. 다양한 향의 원료 중, 특히 꽃으로부터 추출된 향료를 선호하였으며 바이올렛이 유행하고 장미로 머리를 장식하며 박하 크림을 바르는 등 향료 소비가 많아 한때 아테네에서 향료 수입금지는 물론 향료 사용을 일시적으로 중단한 적이 있다. 특이하게 그리스의 향료 제조사들은 대부분 여성이었으며 BC 7세기 수백 개의 향료 판매점이 밀집한 상가 지역이 아테네에 존재하였고, 이곳에서 Marjoram, Lily, Thyme, Sage, Anise, Rose, Iris 등의 허브 식물들은 Olive, Almond, Castor Olive 오일에 담근 연고를 판매하였다. BC 400년에는 Democritus 증류기를 제조하였으며 B.C. 425년의 증류법에 대한 문헌 기록이 남아있다.

다음으로 아랍의 향을 살펴보면 향의 발전기술을 느낄 수 있다. 그리스의 과학기술을 전승한 아라비아인들은 7~8세기경 고대 이집트와 메소포타미아에서 고안된 증류기술을 더욱 발전시켰다. 아라비아인들은 고형비누를 제조하는 뛰어난 기술을 보유하였으며 향료를 농축시켜 에센스, 장미수, 팅크쳐(tincture)등을 제조하였다. AD 10~11세기에는 냉각수를 이용한 증류기술이 발달하여 유지를 이용하여 채집된 허브 오일의 에탄올 추출법이 개발되면서 무역을 통한 증류법이 유럽으로 확산되었다. 또한 Columbus의 신대륙 발견으로 Vanilla, balsam of peru and tolu, juniper, american ceder 같은 새로운 향신료가 유럽에 전해지고 향료 무역을 위한 동인도 회사가 설립되었다.

본격적으로 인도와 중국을 비롯하여 동양에서도 일찍부터 힌두교와 불교사원 등에서 분향 의식으로 향료를 많이 이용하고 있었다. 중국의 경우 전통적인 차와 요리가 매우 발달하였다. 더불어 다양한 향신료가 발달하였으며, 향료의 전파에 있어서 동양의 기여가 더 크다고 할 수 있다. 중국에서는 일찍이 사향(musk)의 진가를 인정하여 향료와 약제로 사용하였으며 레몬, 오렌지도 이태리가 원산지가 아닌 중국와 인도에서 12세기경 아랍상인들에 의해서 지중해로 소개되어져 유래된 것이다. 특히 백단향(sandalwood)의 경우는 인도에서 약제(수렴제, 이뇨제)와 향료로 다양하게 사용되었다.

한편 유럽에서는 향이 대중들에게 관능적인 환락적 영향을 미친다는 부정적 비판

속에서 잠시 쇠퇴하였으나 중동지방에서 돌아온 십자군 병사들에 의해 향 연고와 향료들이 다시 유럽에 유입되면서 재차 향의 문화가 꽃 피우게 된다. 이들은 해상 무역을 활성화하여 지중해 향료를 장악하고 향료 무역을 독점하였다. 유럽에는 후추와 육계 등과 같은 새로운 향신료가 전파 되었으며 최초의 알코올 향수인 헝가리 워터(Hungary water-로즈마리 향)가 만들어졌다. 1370년 헝가리의 엘리자베스여왕이 '영원한 아름다움의 비결'이라는 향수를 애용하였으며 이것은 근대적 의미에서의 최초의 향수이다. 르네상스 시대에 인간의 신체에 대한 관심이 고조됨에 따라 향을 화장과 청결의 용도로 사용하려는 욕구가 증가하였으며 점차 대중화되었다.

이탈리아는 포도주의 증류에 의한 "영혼의 샘물"인 농축된 알코올이 등장하면서 젊음을 오래 보존하기 위한 약, 의학용, 방부제, 향신료 추출에 이용되었다. 향수의 가장 이상적인 용매로서 알코올 사용과 에센셜 오일 향료를 사용하였고 이는 근대 향수 발달의 획기적인 전환점을 이룩하였다. 프랑스에서는 플로랑스 메디치가의 까트린 공주가 프랑스 앙리 2세와 혼인할 때 전속 조향사가 동행하면서 파리에 향수 숍을 개설하였고 대 성공을 거두었다. 이는 목욕을 하기 싫어하고 화려한 생활을 좋아하는 프랑스 국민성과 부합되었기 때문이다. 향료 식물의 재배지로 프랑스

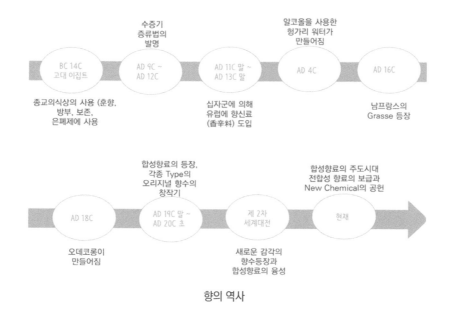

향의 역사

남부 그라스(Grasse)에서 향료산업을 주도하였는데 향을 가죽제품의 냄새를 지우는데 대량으로 사용하였고, 더 나아가 비누공업으로 연결 시켜 향의 활용범위를 더욱 확대 시켰다. 18세기 루이 15세 때에는 궁정을 중심으로 귀족들의 사치 문화가 극에 달하였으며 이에 따라 향수를 판매하는 가게도 번창하게 된다.

[시대별 향의 사용]

BC 14C 고대이집트	종교의식상의 사용(훈향, 방부, 보전, 은폐제에 사용)
AD 9C ~ AD 12C	수증기 증류법의 발명
AD 11C 말 ~ AD 13C 말	십자군에 의해 유럽에 향신료 도입
AD 4C	알코올을 사용한 헝가리 워터가 만들어짐
AD 16C	남프랑스의 Grasse 등장
AD 18C	오데코롱이 만들어짐
AD 19C A말 ~ AD 20C 초	합성향료 등장, 각종 Type의 오리지널 향수의 창작기
제 2차 세계대전	새로운 감각의 향수등장과 합성향료의 융성
현재	합성향료의 주도시대 전합성 향료의 보급과 New Chemical의 공헌

5 향의 계열

향은 후각을 통한 느낌과 감성을 바탕으로 크게 플로럴, 알데히드, 그린, 우디, 오리엔탈, 스트러스, 시프레, 푸제아, 프루티, 파바코레더, 그루망, 아쿠아, 스파이시, 파우더리의 열 네가지 향의 계열로 나뉘어진다. 플로럴 계열의 향은 꽃의 향기를 뜻하며 대부분 향수의 베이스 노트로 사용되고 있다. 알데히드 계열은 플로럴 계열을 베이스로 천연원료나 인공원료에서 얻어진 유기화합물인 알데히드를 조합한 향을 이르러 말한다. 그린은 막 베어낸 풀이나 나뭇잎을 비빌 때 느껴지는 풋내와 같이 상쾌한 자연이 연상되는 향을 말하며 우디 계열의 향은 나무를 연상시켜 신선하고 따뜻하며 묵직한 느낌을 준다. 오리엔탈 계열의 향은 동양의 신비롭고 에로틱한 이미지를 표현하여 자극적이고 개성이 강한 향을 표현할 때 주로 사용된다. 시트러스 계열의 향은 레몬, 라임, 자몽, 오렌지 등을 원료로 하는 상큼한 향을 말하고, 시프레 계열은 지중해 섬 키프로스에서 자생하는 오크모스 등의 재료로 만들어진 향의 느낌을 말한다. 푸제아는 오크모스와 쿠마린을 베이스로 하는 지적인 느낌의 향으로 라벤더향, 꽃향, 우디노트의 향로로 조향되어 싱싱하고 축축한 느낌을 준다. 프루티 계열은 복숭아, 사과, 바나나, 딸기, 메론, 파인애플 등 과일의 상큼함과 풍성하고 달콤함을 느낄 수 있는 매력적인 향이다. 타바코레더는 자작나무 타르와 동물향을 베이스로 하는 담뱃잎의 향으로 남성성이 강하고 개성적인 향에서 주로 찾을 수 있으며 그루망 계열은 꿀, 초콜릿, 바닐라 등을 베이스로 달달한 느낌이 강한 향이다. 아쿠아 계열은 바닷속을 상기시키는 상쾌하고 시원한 향을, 스파이시 계열은 시나몬, 너트맥, 생강, 후추, 계피, 클로버 등을 원료로 자극적이고 강렬한 느낌을 주는 향이다. 파우더리 계열은 베이비파우더의 향과 같이 안정적이고 포근한 느낌의 향을 말한다.

향의 계열

:: 향과 치유

향은 심리 정서를 치유해 주는데 도움을 준다. 심리는 마음의 작용과 의식 상태, 정서는 사람의 마음에 일어나는 여러 가지 감정, 치유는 치료하여 병을 낫게 해주는 효과를 의미한다. 향에 의한 치유는 후각 반응을 통해 후각신경이 자극되어 대뇌로 전달되며 나타난다. 인간의 후각 반응은 두뇌 속 감정을 담당하는 부분과 직접 연결되어 있어 주로 과거의 경험과 관계되어 있다. 그래서 비가 올 때의 냄새, 수영장 냄새를 맡으면 각자의 추억에 잠기게 된다. 이러한 향의 특성은 추억을 떠올리게 하는 것으로 특정 향은 우리의 몸과 마음을 치유하는 역할을 한다. 향을 맡는 것만으로도 스트레스, 긴장, 불면증, 우울증, 편두통을 완화하고, 뇌졸중, 심장병, 치매를 예방하며 두뇌를 각성시킨다.

스트레스의 완화와 심신안정에 효과적인 향은 로즈마리, 바질, 플로럴 계열의 향이 효과적이며 이는 불안한 마음을 가라앉히고 스트레스와 심리적 압박감을 완화시키는 효과가 있다. 대표적인 향수에는 입생로랑의 파리나, 에스티로더의 인튜레이션의 향이 있으며 따뜻하고 섬세한 향으로 흥분된 신경을 가라앉혀 준다. 또한 아쿠아그린 향은 명상이나 요가 활동에서 사용하면 좋은 향으로 알려져 있으며 스트레스와 긴장 완화의 대표적인 향료에는 라벤더가 있다. 특히 라벤더는 스트레스의 해소와 정서 안정을 통해 머리를 맑게 하는 효과가 있으며 대표적인 향수에는 엘리자베스 아덴의 그린티 라벤더가 있다. 이 외에도 향을 사용하여 불면증을 해소할 수도 있는데 잠이 오지 않는 것은 흥분상태에 있던 뇌가 수면모드로 돌아오지 못했기 때문이다. 이때 마조람이나 장미, 오렌지나 함유된 향수를 뿌리면 뇌의 상태를 정상으로 돌아오게 할 수 있고, 감정조절에 효과적이며 신진대사를 촉진시켜 숙면을 취할 수 있게 해준다.

우울함이 느껴질 때는 레몬이나 일랑일랑, 자스민 향을 맡으면 심리적 감정을 높일 수 있고, 반대의 화려한 향을 사용하면 기분을 흥분시켜 좋게 할 수 있다. 대표적인 향수에는 지방시 쁘띠 상봉이 있으며 레몬의 상큼한 향과 발랄함으로 기분을 가볍게 만들어준다. 뿐만 아니라 제라늄, 샌들 우드, 유칼립투스 향을 사용한 향수는 생리통을 완화하는 데 도움을 줄 수 있다. 장미꽃이 들어간 플로럴 향수를 더하면 산뜻한 기분으로 기분을 전환 시킬 수 있으며 베이스 노트인 샌달 우드에 산소를 가미시킨 휴고 보스의 보스 인텐스는 예민해진 기분을 편안하게 가라앉힐 수 있다. 한편 숙취를 해소해주는 향에는 페퍼민트를 사용한 향이 있는데, 음주 후 다음날 물을 많이 마신 뒤 따뜻한 물로 목욕을 한 후 페퍼민트 향을 사용하면 두통, 구역질, 불쾌감이 사라지는 효과를 경험하게 된다. 특히 캘빈 클라인의 CK Be는 상큼한 느낌의 토닉과 만다린, 민트가 혼합된 향으로 숙취해소를 도울 수 있는 향으로 손꼽히고 있다.

:: T.P.O와 향수

자신에게 어울리는 향을 찾아내는 것도 중요하지만, 향수는 그 사람의 이미지를 연상하게 하는 촉매 역할을 한다. 그러므로 장소와 시간에 어울리는 향을 신중하게 선택해야 한다. 향수는 개인적인 것이므로 좋고 나쁨을 정의할 수 없으며 향의 과한 사용은 오히려 부정적인 역효과를 일으킬 수 있다.

사람마다 체온, 피부타입, 식습관에서 패션, 성향까지 다르기 때문에 처음 향수를 접하는 경우 농도가 너무 진하지 않은 기준으로 선택하는 것이 안전하다. 향수는 특성상 향이 쉽게 날아가기 때문에 손목, 귀밑, 등 체온이 높고 맥박이 뛰는 곳에 뿌린 후 무릎 아래쪽이나 허리 양쪽에도 뿌려두면 점차 향이 위로 올라오면서 향의 확산에 의해서 오랜 시간 동안 좋은 향을 유지할 수 있다. 향수는 외출하기 30분 전, 메이크업을 시작하기 이전에 뿌리는 것이 좋다. 메이크업을 하는 동안 알코올 성분이 날아가면 은은한 향을 즐길 수 있다. 예를 들어 면접이나 신입사원에게 적절한 향수로는 톡톡 튀면서도 신선하고 친근감을 줄 수 있는 향으로 바뀌게 되기 때문이다. 또한 부드럽고 상큼한 느낌의 긍정적 기운이 감도는 향의 선택이 특히 좋다. after six용 향수는 바빴던 하루를 마감하고 저녁 6시 이후 자유롭게 사용할 수 있는 향수로 모임의 성격, 장소 등에 따라서 패션이나 메이크업, 향수도 달라지게 된다. 모임에서 로맨틱, 클래식한 분위기 연출하려면 부드러운 플로럴 향으로, 파티가 있다면 아침에 뿌린 오드 투왈렛과 같은 계열의 퍼퓸을 뿌려 강한 인상을 남길 수도 있다. 또한 오드 투왈렛은 저녁 외출 전에 사용하면 자연스럽고 깊은 향을 연출 할 수 있다.

■ 계절별 향수

봄의 향수에는 봄을 연상시키는 꽃내음의 플로럴 계열 향수가 적절하다. 달콤하고
부드러운 플로럴 향으로 로맨틱하고 여성스러운 분위기를 연출할 수 있다. 플로럴
계열 향을 주 원료로 사용하는 대표적인 향수에는 크리스찬 디올의 미스 블루밍
부케, 구찌의 블룸, 조말론의 플로랄 코롱인 미모사 앤 카디엄이 있다.

여름의 향수는 습도가 높고 땀이 많이 나는 계절적 특성에 따라 무거운 베이스의
향 보다는 가벼운 느낌의 향이 적절하다. 숲 속의 싱그러운 풀잎의 향취를 느낄 수
있는 그린이나 자연의 느낌을 가진 깨끗하면서 부드러운 마린 계열이 특히 좋으며
산, 바다, 등 자연의 시트러스 향으로 기분을 전환시킬 수 있다. 시트러스 향수로는
CK one, 안나수이의 시크릿 위시 등이 있다.

가을의 향수는 로맨틱한 계절감이 드러날 수 있는 우아하고 감성적 분위기의 향을
선택하는 것이 좋다. 버버리의 향수 중 마이 버버리나 버버리 버디 등이 대표적이다.

겨울의 향수는 모든 생명들이 휴식을 취하는 계절적 특징과 시린 온도만큼 무거워지
는 마음처럼 신비롭고 정열적인 머스크나 오리엔탈 계열의 향으로 변화를 줄 수 있
다. 대표적인 향수로는 더 바디샵의 화이트 머스크도 대표적인 겨울의 향수가 있다.

계절별 향수

■ 날씨별 향수

맑고 화창한 날은 마음을 가볍고 상쾌함을 느끼게 해주는 달콤한 향으로, 비가 내리는 날이나 날씨가 흐린 날은 공기 중 습도가 높아지고 기압이 낮아져 몸과 기압의 균형이 깨지면서 불쾌지수가 높아지기 때문에 다운된 기분을 올려줄 필요가 있다. 이 때에는 약간 화려한 듯 무겁지 않은 향이 적당하며, 기압으로 인해 휘발성이 낮아지기 때문에 탑 노트나 미들 노트 중심으로 향을 선택하는 것이 좋다.

■ 9 to 6 향수

오전 9시에서 6시 사이의 근무시간에는 원액의 강한 향의 퍼퓸보다는 오드 투왈렛이나 오데 코롱을 선택하는 것이 에티켓이다. 또한 담배나 음식 냄새를 없애려고 향수를 과하게 뿌리는 경우가 있는데 이러한 경우 두 냄새가 섞여 더한 악취를 풍기게 된다.

■ 특별한 날 어울리는 향수

특별한 날에는 사람들에게 어떠한 모습으로 비치고 싶은지에 따라 테마를 정하고 헤어, 메이크업, 패션, 향수를 선택할 수 있다. 예를 들어 결혼식에서는 너무 지나치지 않고 무난하지 않은 라이트 플로럴, 시트러스 향이 좋다.

■ 애프터를 약속 받은 향수

맞선이나 미팅을 하는 첫 만남에서 신비스럽고 신선한 이미지를 줄 수 있는 향이 좋다. 플로럴, 프레시, 시트러스처럼 맑고 상큼한 계절 향의 오드 투왈렛이 좋다. 만약 두 번째 만남을 약속 받았다면 다음 번 데이트에서는 달콤한 과일향이나 섹시한 향으로 매력을 어필하는 것이 좋다.

■ 데이트용 향수

좋아하는 사람이 나에게 가까이 다가오기 바란다면, 중후하고 관능적인 오리엔탈 향이나 페로몬 향수를 사용하는 것이 좋다.

:: 이미지와 향수

향수는 향에 따라 다양한 이미지를 연상시킨다. 그린(Green) 계열 향수는 지적인 이미지를 연상시키고, 스프레(Cypre) 계열 향수는 중후하고 품격있는 이미지를 연상시키며 오리엔탈(Oriental) 향수는 신비롭게 우아한 이미지를, 우디(Woody) 향수는 은은한 이미지, 플로랄(Floral) 향수는 달콤한 이미지를 떠올리게 한다.

향이 그리는 이미지는 무엇보다 색을 통해 구체화 된다. 향수는 자신의 이미지를 향, 그리고 색으로써 표현하고 있기 때문이다. 주황색은 레몬 향과 같은 Citrus 계열의 향, Lily의 향과 함께 상쾌한 분위기를 이끌어낸다. 갈색은 우디의 향과 숲속 이끼, 꽃 향을 혼합한 chypre, Fre Oriental 계열 향과 함께 어우러져 우아하고 따스한 이미지를 표현한다. 파랑과 자스민 향은 시원하고 캐주얼한 이미지를 연상시키고, Musk 향과의 조화는 유니섹스한 이미지를 나타낸다. 분홍은 플로럴 계열향과 함께 향긋하고 부드러운 이미지를 표현하며 향수에 가장 많이 사용되고 있는 색채이다. 빨강은 부드럽고 달콤한 꽃 향이 강조된 오리엔탈 계열 향과 함께 사용될 때 따뜻하고 정열적인 이미지를 그려내며, 보라색은 Musk의 동물성 향료를 주원료로 하는 향수의 향과 함께 사용될 때 관능적이고 섹시한 이미지를 연출시킨다.

향을 표현하는 용어에서도 이미지는 나타난다. 'Aldehydic'은 여성용 향료에 사용되는 용어로 우아한 이미지를 기원으로 하며 'Animalic'은 동물성 향료를 떠올리기 쉬우나 본래 풍부하고 따스한 분위기의 향수를 일컫는 용어이다. 'Anisie'은 가볍고 상쾌한 향 이미지의 용어이며 'Balsamic'은 바닐라와 같은 달콤하고 따뜻한 느낌의 향을 상징한다. 이처럼 용어 자체에서 향의 이미지를 담아내고 있는 경우가 있으며 어떠한 향취인지를 용어로부터 짐작하게 하는 경우도 있다. 'Burnt'는 과열에 그을려 발생하는 향취를 떠올리게 하며 'Camphorous'는 소나무의 향을 연상시키는 산뜻하고 깨끗한 느낌의 향취이다. 'Citrus'는 산뜻하고 상쾌한 느낌으로 특히 감귤계 향취이다. 'Earthy'는 땅 이미지로, 비 내리는 날의 땅에서 맡을 수 있는 독특한 흙냄새로 표현할 수 있으며 'Fecal'은 풍부하고 깊이가 있는 꽃의 향으로 'Floral'은 Fecal과 유사하지만 단일 꽃의 향기나 꽃다발의 향기를 의미한다. 'Fruity'는 과일이나 건조된 과일, 으깨어진 과일, 과일주스에서 맡을 수 있는 향을 말하고, 'Green'은 잎을 자르거나 비빌 때 느껴지는 향취로 오이, 토마토, 피망의 풋풋한 향을 떠오르게 한다. 'Herbaceous'는 쑥 냄새라 할 수 있는데 향이 강하고 자극적인 아로마틱 허브향의 향취이다. 'Hesperidic'은 가죽 제품에서 느낄 수 있는 특유의 스모키한 향취로 남성향수에 주로 사용되고 있다. 'Marine'은 시원한 바다를 연상시키는 짭짤한 바다의 향취이며 'Metalic'은 금속을 만진 뒤 손에 남은 잔향과 같이 쿨(cool)하고 깨끗한 느낌을 연상시킨다. 'Minty'는 페퍼민트나 스피아민트의 멘톨 향을 떠올리게 하며 'Narcoticy'는 자스민, 투베로즈 등의 흰 꽃이 고농도로 사용될 때 느낄 수 있는 진한 꽃 향의 향취이다. 'Oily'는 올리브오일과 같이 기름진 느낌의 향, 'Spicy'는 향신료에서 주로 느낄 수 있는 감각적이고 따뜻한 자극적 향취의 용어이며 'Woody'는 외래종 나무로부터 느낄 수 있는 은은하고 중후한 나무 향으로 오래 지속될 수 있는 특징이 있다. 조합 향에 있어서는 용어로부터 향의 조합 상태를 유추할 수 있다. 예를 들어 'Balanced'는 하나의 성분이 다른 성분을 압도하지 않게 균형 있게 조합된 향의 상태를 이르러 말하며 혼합된 향의 안정된 향취를 예상하게 한다. 'Diffusive'는 디퓨져를 연상시키는 용어로 방향성 물질이 대기 중에 노출되어 확산되는 향의 현상을 의미하며 향이 은은하게 퍼지는 상태를 떠올리게 한다. 'Dry'는 건조한 인상을 주는 향기로 파우더리한 향을 느낄 수 있으며 'Flat'는 어떠한 특성이나 특징이 뚜렷하지 않은 익숙한 향취를 예상하게 한다. 'Fresh'는 신선한 자극으로 생명력을 불어넣는 효과를 주기 때문에 새로운 향취를 기대하게 한다. 'Harsh'는 조화롭지 않고 균형 잡히지 않은 상태로 탁하고 거친 향을 느끼게 하며 'Heavy'는 희석되지 않은 진한 농도의 숨이 막힐 것 같은 느낌의 향취를 말한다. 'Musty'는 오래된 책이나 잡지에서 느낄 수 있는 마른 냄새를, 'Light'는 휘발성이 강하며 지속성은 짧은 향, 'Rich'는 풍부한 향을 떠올리게 한다. 더불어 향수에서 향의 역할을 용어의 표현으로 보여주는데, 'Round'는 향이 제각각으로 느껴질 때 블랜더를 이용해 향을 조화롭게 만들어주는 것을 말한다. 'Sharp'는 날카롭게 감각을 관통하는 향의 효과를, 'Sweet'는 향의 달콤하고 향기로운 느낌, 'Smooth'는 부드러운 느낌의 향취를 용어를 통해 짐작하게 하고 있다.

REFERENCE

김현미, 윤천성, 퍼스널컬러에 관한 연구 동향 분석, 한국뷰티산업학회, Vol.12(2), 2018.

변지연, 이윤진, 취업준비생을 대상으로 퍼스널 컬러 진단 및 적용 후 인식변화에 관한 연구, 한국공간디자인학회논문집, Vol.14(6), 2019.

홍수경, 김민경, 사계절 메이크업 색상 선호도와 피부의 질감변화에 따른 색상 이미지 포지셔닝 맵, 아시안뷰티화장품학술지. Vol.10(2), 2012.

김유리, 안나현, NCS 기반 뷰티 메이크업 마스터 3, 구민사, 2020

노보경 외2, 응용 메이크업(Applied Make-up), 구민사, 2019.

이현주 외4. The Make-Up, 예림, 2012.

김지양, 퍼스널 이미지메이킹, 경춘사, 2017.

김수진 외3, 미용학 개론, 아티오, 2016.

방효진, 뷰티디자인 색채학, 2019.

박춘심 외11, 미용학개론, 광문각, 2014.

Landesberg, A., Fitzpatrick, L., The Nature of Make-up, ATLANTA ART PAPERS INC, 2002.

Dambrin, Claire, Lambert, Caroline, Beauty or not beauty: Making up the producer of popular culture, Management accounting research, 2017

김선미 외3, 피부과학, 현문사, 2006.

김수진 외3, 미용학 개론, 아티오, 2016.

김병욱, 피부미용 뷰티산업, 킴스정보전략연수소, 2015.

김희진 외3, 피부미용 전문인을 위한 현장실무 피부미용, 청구문화사, 2014.

이병철 외4, 피부미용 CS 고객관리, 메디시언, 2019.

장혜진, 김이준, 「미용사회심리학」, 가담플러스, 2015.03.27.

김해남, 기초피부미용학, 학지사, 2013

이영아, 이길영, 피부관리학, 신정, 2009

김명숙, 피부미용학:이론 및 실습, 현문사, 2008

신학철, (평생 입는 단벌옷) 피부, 안녕하십니까?, 청림출판, 1998

Boulanger, Nathalie, Skin and arthropod vectors, London: Elsevier/Academic Press, 2018

Mr. Skin's skincyclopedia: the A-to-Z guide to finding your favorite actress naked, Skin, New York: St. Martin's Press, 2005

오경화 외 4인. 패션이미지 업, 교문사, 2007.

김희숙 외 3인. 스타일메이킹, 교문사, 2009.

양진숙. 패션과 라이프, 교학연구사, 2016.

권형자 외 2인. 뷰티코디네이션, 도서출판 국제, 2006.

장성은,이종숙. 이미지 메이킹을 위한 토탈 패션 뷰티 코디네이션, 경춘사, 2008.

박명희 외 6인. 패션과 스타일링, 건국대학교출판부, 2015.

오희선. 패션이야기, 교학연구사, 1997.

바비토머스 이상민옮김. 스타일리시, ㈜인사이트앤뷰, 2014.

송영건. 옷은 사람이다. 이담북스, 2014.

김유경. 패션 스타일링, 와이북, 2012.

라사라패션정보. 액세서리와 코디네이터, 1992.

양진숙. 패션과 라이프, 교학연구사, 2016.

권형자 외 2인. 뷰티코디네이션, 도서출판 국제, 2006.

장성은,이종숙, 이미지 메이킹을 위한 토탈 패션 뷰티 코디네이션, 경춘사, 2008.

박명희 외 6인. 패션과 스타일링, 건국대학교. 2015.

제프랙, 강성호 외 6인. 남자 패션의 정석, 틔움출판. 2017.

함선희. 남자는 스타일을 입는다, 중앙북스(주), 2008.

전선정 외 5인. 코디네이션 Custume & hair, 청구문화사, 2004.

박영수, 색채의 상징, 색채의 심리, 살림출판사, 2016

캐런 할러, 컬러의 힘, 월북, 2019

진미선, 컬러는 나를 알고 있다, 라온북, 2021

김영정, 마음을 치유하는 컬러 테라피, 한국경제신문, 2020

김선현, 색채심리학 (몸과 마음을 치유하는 컬러), 이담북스, 2013

강태동, 당신을 말한다, 신성출판사, 2012

김기연 외, 뷰티테라피, 현문사, 2010

기노시타 요리코, 설득시키는 마법의 색, 지상사, 2006

우소연 외, 셀프 이미지메이킹과 브랜딩 전략, 백산출판사, 2020

김민수 외, 이미지메이킹 실무, 새로미, 2020

이재만, 컬러 코디네이션, 일진사, 2017

정연자 외 3인, 뷰티 앤 컬러, 교문사, 2017

이선경 외, 비주얼 이미지메이킹, 구민사, 2016

김유선, COLORIST, 미진사, 2016

정연자 외, 뷰티디자인, 교문사, 2015

김주미 외, 이미지 메이킹, 창지사, 2014

김은정 외, color:색, 형설출판사, 2007

지상현, 디자인의 법칙, 지호, 2007

N. Kawamoto and T. Soen, "Objective Evaluation of Color Design Ⅱ", Color Res. Appl., Vol. 12.

김주섭, 두피모발관리학, 구민사, 2021

박은준 외, 모발과학, 예림, 2019

노정애, 헤어스타일링 연출, 구민사, 2018

최묘선 외, 블로우 드라이 & 아이론, 메디시언, 2018

박은준 외, 샴푸 & 헤어스타일링, 메디시언, 2018

고경숙 외, 블로우드라이 & 아이론 헤어스타일링, 훈민사, 2017

김관옥 외, 드라이&아이론, 구민사, 2017

서원숙 외, 올 어바웃 샴푸, 메디시언, 2017

박진현, 더 헤어 컬러링, 예림, 2014

정숙희 외, 트리콜로지스트 스토리북, 훈민사, 2008

文野賢二, SCALP CARE & HEAD SPA, サロンニューズマガジン株式会社, 2007

정연자
- 현) 건국대학교 뷰티화장품학과 교수
- 뷰티융합연구소장
- 바이오뷰티조향예술학회장
- 동양예술학회 부회장
- (전) 한국인체미용예술학회회장
- (전) 건국대 힐링바이오공유대학장

뷰티테라피

1판 1쇄 인쇄 2022년 02월 21일
1판 1쇄 발행 2022년 02월 28일
저   자 정연자
발 행 인 이범만
발 행 처 **21세기사** (제406-00015호)
　　　　경기도 파주시 산남로 72-16 (10882)
　　　　Tel. 031-942-7861   Fax. 031-942-7864
　　　　E-mail : 21cbook@naver.com
　　　　Home-page : www.21cbook.co.kr
　　　　ISBN 979-11-6833-021-4

정가 25,000원